# 橫向戰力
## Streaming Power
### 敏捷組織教練崔沛然

解密數字經濟商業模式
與手指經濟時代

# 動動手指
# 鏈接你我
# 轉動世界

作者・崔沛然

# 目 錄・CONTENT

## Streaming Power 橫向戰力 part 1・9

手指經濟⋯⋯鏈接你我，轉動世界 / 11

Virtual Power 橫向戰力──虛擬串流時代已來臨 / 40

## Streaming Power 橫向戰力 part 2・67

溝通的藝術：建立深厚的人際關係 / 69

色彩心理學：影響情緒、行為的視覺奧秘 / 73

聲音的力量：用聲音打動心靈 / 87

CPSN 價值觀與孫子兵法、老子策略藝術 / 108

## Streaming Power 橫向戰力 part 3・121

HQ 五大能力：透視力 / 導引力 / 想像力 / 魅力 / 影響力 / 123

智慧之門：鬼谷子談判哲學 / 135

## Streaming Power 橫向戰力 part 4・147

我們的對手不是人！是 AI！ / 149

企業領導／組織管理文化應融入人文 DNA / 154

全面將進入 5.0「Virtual Team」人文品牌的商業模式 / 159

再論風！借風尋心……心安在何處？ / 164

從心開始 / 175

## Streaming Power 橫向戰力 part 5 · 181

數字經濟 Digital Economy VS 品牌資產 Brand Equity / 183

品牌時代來臨 / 188

## Streaming Power 橫向戰力 part 6 · 197

Finger Economy 手指經濟──橫向連結 / 199

秀才不出門能賺天下錢 / 204

# Streaming Power

# 橫向戰力

part 1

# 手指經濟……鏈接你我，轉動世界

　　一路順風……平平安安……這是多麼理想化的人生指南，但真實的人生無論是在生活／工作／生命進行運轉中隨時都有可能碰到颱風、龍捲風、焚風、冰風暴……無情的攻擊你，打擊你，焚燒你，我們原本以為的順風人生就可能會變成了逆風人生……而如果我們能把逆風視為「人生歷劫」的必然過程，用此歷劫的心態去面對自己人生中每一次的颱風、龍捲風、焚風、冰風暴；這樣的體驗過程將人生變得何其精彩與豐盛！

　　而我的人生呢？

　　在我寫第一本書「H.B.D. 成功方程式」那時我的自我認知是「不可一世」

　　在我寫第二本書「30 秒抓住成功」那時我的自我認知是「簡直是天才」

　　在我寫第三本書「HQ 帶你飛出自己的井」那時我

的自我認知是「一切都在掌控中」

　　但是就在寫完第三本書之後我的人生卻彈了一首變奏曲，從原來順風的人生變成了逆風人生……一切一切全都變了調，因為在這過去十年中經歷了太太的重病，兒子與女兒在東西文化差異環境中成長帶來的傷害。

　　經歷了這些我完全無法理解及掌握，心中的痛苦在身心歷劫後才真正明白人的脆弱與強大是同時並存，但端看你怎麼去想？怎麼去選擇？怎麼去面對？

　　人可以偶有犯錯！偶有失能！但就是不能一蹶不振！！！

　　我們心中的信念價值，內心深處的靈魂，無論碰到任何的風暴都要時時刻刻保持著一顆清澈而平靜的「善心」，等待外在「光源」的投射指引，得到光源後我們的力量就會甦醒，不再害怕黑暗世界，要相信天地之間始終充滿著拯救我們第三方力量的存在，它會向你伸出援手絕不會讓你被黑洞給吸走……

　　人生總是十之八九不如意，為什麼人生會有這麼多

的不如意！不開心！障礙！挫折！多數的人都會想是不是運氣不好？努力不夠？IQ 不夠高？學歷不夠好？長得不夠帥不夠美？

但真正的原因是我們缺乏與人互動時，鏈接你我的能力，我把它稱之為「橫向戰力 Streaming Power」，現在的我正在努力修練橫向戰力，也同時努力將它呈現給讀者成為我的第四本著作。

## 一、橫向戰力的定義

**縱向戰力：**學歷／智商／專業知識，在彼此相容性相似性較高的環境下，所呈現解決問題的能力，縱向戰力比較偏向主觀！直線！自我！排他！

**橫向戰力：**經歷／情商／人文知識，在彼此相容性相似性較缺乏的環境下，展現解決問題的能力，橫向戰力比較偏向客觀！圓形！群體！聚合！

因為我們在碰到問題衝突單靠「縱向戰力」是較不

夠圓融且全面，但在現今世界社會體系大都想快速發展成功，全都依賴縱向能力，因此造成許多種族與種族、國與國、社會、企業甚至個人產生高度衝突與對立！

2019 年當 COVID-19 疫情發生時，企業當時裁員以薪資結構為考量，因此被裁員的對象是缺乏橫向戰力的領導者，企業是以降低經營成本為主；

2023年美國在進行前所未有的大裁員，尤其是高科技的公司，經過研究分析這一波被裁的對象是縱向戰力弱又缺乏橫向戰力者；

因為基礎性的縱向戰力將被 AI 人工智能取代，ChatGPT 的崛起就是很好的證明，

我們的人生不再被縱向戰力主導，而是以你擁有多少橫向戰力來定位你的格局你的成功與成就。

所以不論是個人或是企業，想要圓滿的化解衝突除了縱向戰力還必須要再加上橫向戰力，所以學習橫向能力將會是每個人要面臨的課題。

2023 年我在美國洛杉磯已親眼見證這股革命性趨勢力量崛起，它是一股看不見的東方與西方文化／智慧／科技／哲學……穿越時空完美的橫向結合，這是一次個人與企業革命性的改變，

　　擁有橫向戰力者就會是這次盛會的主角！會是盛會的贏家！

　　橫向戰力為何會具備穿越時空的能力？

　　在我們歷劫的歲月中……由於在不同文化背景空間生活工作中，被無情地擊打摧殘後所粹煉出的經驗，因為在不同空間生活工作會面臨不同的價值觀，不同文化帶來的衝擊，小的從社區／社會／國家再到區域，大到星球都會給我們帶來巨大認知的差異，而能在這樣的時間空間環境中悠然的來回，不但毫髮無傷更能聚合鏈接差異性價值的力量，建構創立新的思維！新的局面！這就是橫向戰力的終極目標。

## 二、認識橫向戰力五大結構內容與功能

## 一. DNA：橫向戰力的三大密碼

**1. Vision（眼光）；2. Mission（使命）；3. Passion
（熱情）**

　　**1. Vision（眼光）**：想要成就一番事業首先就要學
會看懂局勢，洞燭先機

局——由少數人的 vision 主導設計而形成

勢——由多數人的行為匯集而形成

**如何能看懂局：**從解讀經濟角度著手方能看到風險與機會。

**如何能抓住勢：**運用日本稻盛和夫「阿米巴」經營發現結構性問題；運用孫子兵法「率然之蛇」特性打造敏捷性之組織。

登高壯觀天地間，大江茫茫去不還

登高壯觀天地間——登高是必然要走的路，君臨天下它不是矯情不是自大，是種由山頂高處往下看的睿智情懷。

大江茫茫去不還——趨勢是一個事件由點發展到現象再聚集更多事件匯集而成全面性的力量，朝一個方向前進但卻是一去不回頭。

只有看清楚局勢謀定而後動，再調兵遣將方能實施正確戰術完成戰略目標。

老子第33章：知人者智，自知者明

孫子兵法：知彼知己者，百戰不殆

Vision，一切成敗在於人不僅只是具備解讀趨勢能力，更重要是會識人與用人能力。


**2. Mission（使命）：**為實現我們的計畫而承擔責任的力量與能力

漢武帝劉徹，西漢第七位皇帝，於 7 歲時被冊立為儲君，16 歲登基，在位 53 年 345 天。其正式諡號為「孝武皇帝」，後世省略「孝」字稱「漢武帝」。漢武帝在位近 54 年，在其統治時代中，西漢極為強大，疆域比漢高祖建國時要大了一倍，這就是使命在驅動。

漢武帝派遣了張騫出使西域，張騫的兩次出使打通了中原文化和西域文化交通的通路，即絲綢之路，極大促進了中國同西方經濟及文化的交流。

蘇格拉底是古希臘偉大的哲學家，主張無神論和言

論自由，但卻與當局統治相向。蘇格拉底被判處有罪以後，他的學生已經為他打通所有關節，可以讓他從獄中逃走。並且勸說他，判他有罪是不正義的。然而蘇格拉底選擇了慷慨走向刑場，視死如歸。他的理由：我是被國家判決有罪的，如果我逃走了，法律得不到遵守，就會失去它應有的效力和權威。當法律失去權威，正義也就不復存在。這不是悲劇的聲音，這是一個智者在用生命詮釋法律的真正含義——法律只有被遵守才有權威性。只有法律樹立了權威，才能有國家秩序與社會正義的存在。

這些帝王先賢的智慧眼光，對歷史承擔的勇氣，對後世人們的傳承的使命，這一道又一道的光芒貫穿古今給了我在黑暗中的前進指引……


**3. Passion（熱情）：**全力以赴卻不求圓滿而能守住殘缺，繼續前進那就是Passion（熱情）的DNA之一，我們不抱殘守缺卻要用挫折之後殘缺的力量前進創新，

這樣的堅持不放棄往往更能激發出巨大能量創造更大的格局，大器晚成就是Passion（熱情）最好的註解。

姜子牙、劉邦，都是歷史上大器晚成的傑出代表。姜子牙七十多才出道，然後幫助周朝消滅商朝，是周朝的得力軍師。劉邦建立了西漢，但是創業的時候也已經是年近不惑，然後經過好幾年的奮鬥，快五十歲的時候成為了西漢的開國君主。歷史上大器晚成的人還真不少，而這兩位屬於成就比較大的範例。

這個世界，並非所有的努力都有令人滿意的收穫，總會有各種各樣的因素，隨時影響事物發展進程。難得的靈光一閃，難逢的大好時機，種種原因都會成為我們取得成功或遺憾的一小點因緣。

機會總是給有準備的人，我們應該在那一小點因緣到來之前，就付出最大的努力，做好最充足的準備，為夢想竭盡全力，而不是斤斤計較於結果。而這兩位大器晚成的範例足夠給我們做榜樣了。

**Space 橫向戰力的三大系統：**

**1. 視覺系統；2. 聽覺系統；3. 觸覺系統**


**1. 視覺系統：**掌握你呈現在別人眼中的影響力

**30 秒鐘抓住成功但 7 秒決定了你在別人眼中的定位。**

虛擬網路時代速度更快，對方可能正用 100 吋的電視屏幕與你對談並解讀你（尤其是你的眼球轉動及臉部肌肉），人與人之間的互動也瞬間產生改變。你可能覺得很不公平，但現實就是那麼無情。決定第一印象的重要因素是外表長相與肢體語言，你的穿著品味是否得宜，都會影響一個人在職場在企業的薪資收入與升遷速度，商業談判時的成敗。

**2. 聽覺系統：**傾聽＋提問

傾聽並不僅僅指的是「閉上嘴巴」不說話，而是當你做為一位好的傾聽者時，你不能去亂猜對方的思考邏

輯及妄加評論，在人際關係互動中，懂得「傾聽」他人是一門大工程。傾聽除了能讓你更精準地理解對方想法，也能讓別人對你的信任度加分！除了傾聽，究竟該如何運用提問導引達到更好的效果？

可用下列的問題試試導引對方：

**1.** 你現在感受到的是什麼？

**2.** 你在這件事情上最理想的情況會如何？

**3.** 你認為這件事情上最糟的狀況會如何？

**4.** 你希望我可給你提供甚麼樣的協助？

**5.** 你有哪些可接受失去的選擇？

**6.** 你想要得到的目標是什麼？

傾聽能力最重要是運用提問，導引對方講出內心深處的想法。


**3. 觸覺系統：**親情＋愛情＋友情三元素

當你詢問 ChatGPT 有哪些工作是不能被 AI 完全替

代的？

ChatGPT 回答是：音樂家／藝術家用創造力的工作，跟人打交道需要情商的工作例如治療師、社會工作者、教師等等，需要身體接觸才能完成的工作比如按摩治療師或髮型設計師、運動教練，最後就是複雜的決策與判斷如律師、高級管理師、醫生等。

問完 ChatGPT 有哪些工作是不能被 AI 完全替代的？給了答案後我們可以很清楚地發現 AI 雖然能收集強大數據，邏輯反應快，但只要放進愛情／友情／親情三個元素後產生複雜的狀況後，AI 就無法跟上我們人類思考的腳步。

所以以後與 AI 競爭，我們會運用 AI 再加上親情＋愛情＋友情三元素的超級右腦想像力組合而成——橫向戰力 Streaming Power。

橫向戰力者，未來世界都將聽他的……

**空間 Space：思考空間 Thinking Space ＋移動空間 Moving Space：能創造空間的人是未來贏家**

## 一、上等人：

馬雲曾與比爾蓋茲、巴菲特與佐克柏三人見過面，發現他們並非有什麼特別但都擁有以下三種特質：

1. 從不抱怨，總是先檢討自己

2. 永遠正面積極樂觀

3. 驚人的自律行為

## 二、中等人：

2023 年日本有在企業運作時，要求主管每天要與新進人員聊天 10 分鐘，天南地北、食衣住行育樂都可聊，目的在讓新進人員心情放輕鬆彼此認識瞭解，幫助新人適應企業環境發揮較高的工作效率。

## 三、下等人：

2023 年的農曆春節美國洛杉磯發生三起長者槍擊案件：

1. 蒙特利公園市（Monterey Park）發生舞廳槍擊案，凶手為 72 歲華人因為感情糾紛而行凶

2. 次日在北加州半月灣（Half Moon Bay）67 歲華人因為金錢糾紛槍殺農場工人

3. 凶手年齡 67 歲，在南加州橙縣教會開槍

忌妒猜忌的心態所產生的理由藉口，便是毀滅自己及他人生存空間 Space 的魔鬼！

上等人，能為自己及他人創造生存空間 Space；

中等人，需要別人為他們創造生存空間 Space；

下等人，在毀滅別人的生存空間 Space。

**思考空間 Thinking Space：是領導者的首要條件**

日本經營之神的名言：公司基礎是在於人。一個公司能否有所發展，或是能否透過事業對社會有所貢獻，全決定於它從業人員的想法。所以，首先就必須讓這些人有所成長。「人就如同鑽石原石，不加以琢磨，永遠也只會是黯淡無光的石頭。」

發揮無形資本（時間、精力、抱負、思考），輔助有形資本（資金、人力、原料），做今人所不敢做的事業。

　　想創新，做別人做不到的事，又必須擁有批判性思維（Critical thinking）。

　　批判性思維（Critical thinking），或稱批判性思考、思辨能力、嚴謹的思考、明辨性思維、審辨式思維等，是對事實、證據、觀察結果和論據的分析以形成判斷。

　　批判性思維的最早記錄是柏拉圖所記載的蘇格拉底的教導。其中包括柏拉圖早期對話的一部分，蘇格拉底在道德問題上與一個或多個對話者進行接觸，例如質疑蘇格拉底逃離監獄是否合適。哲學家對這個問題進行了思考和反思。

　　蘇格拉底確立了這樣一個事實，即人們不能依靠那些「權威」的人。蘇格拉底堅持認為，一個人要過上好的生活，或者要過上值得過的生活，他必須是提問者，

或者必須有一個質疑的靈魂。他確立了在我們接受值得相信的想法之前提出深入思考和問題的重要性。

批判性思考的特質在於對想法與信念做細緻的分析與評判，藉由拒絕不恰當的想法，讓我們更加接近真理與真相，也避免因錯誤認知產生不當決策而造成遺憾。批判性思考的主要目的在於盡可能求得最理性、客觀的判斷；另一方面，也幫助我們建立嚴謹而紮實的推理結構，更容易令他人理解與認同。

**移動空間 Moving Space：城市移動能力是企業人才的考核指標**

全球企業的發展趨勢反映了的「國際化」的重要，因此企業莫不把國際化當作企業發展重點，由於資金、科技、資訊、文化、人才的快速跨國流動，愛因斯坦說：「人文教育的價值不是學習多少事實，而是訓練心智，去思考那些教科書沒教的東西。」（"The value of an education in a liberal arts college is not the learning of many facts but the training of the mind to think something that cannot be learned from textbooks."）具有良好人文素養與思考批判能力的人，對於跨領域的事務或不同事務的整合能力，也相對較強。

　　國際移動力是國際競爭的關鍵能力。而專業力、語言力、適應力這三種能力的養成，刻不容緩。這三種能力的交集越大，你的移動能力就越強（橫向能力就越高），勝算就越大。全球移動力（global mobility）已成為企業國際化程度的一項重要指標，對企業來說，除了透過海外學習經驗來拓展視野、促進人才發展以及增加環境適應能力以外，更可能從中找到未來的企業發展的助力及方向。

## 三、影響力即是領導力

### Distance Power：有限距離影響戰力 1：10 ／ 1：100

什麼是影響力？影響力是指一件事物在傳播與發展的過程中，調整和改變他人心理想法與他人行為模式，以達到我們預期之方向與結果的能力。

在企業管理中，領導力強弱的決定在一事件發展中能影響範圍大小及影響的人數多寡。

人的行為模式及思考模式在很大程度上會受到其同類或同伴的影響。如果人們發現某種行為已經成為其同類中的一種流行行為，他們往往也就會跟著做，心理學家們將這種影響稱為「同伴影響力」（peer influence）。

橫向戰力所展現的並非傳統的由上往下權威式影響力，相反的它是由下往上聚合式的影響力，下指的是外部市場人文結構的改變所延伸出新的需求。

在市場人文結構的改變後所需要，聚集更多力量與人才時領導者所展現一次性的影響力是 1 對 10 還是更大的 1：100 的影響力？

所謂 **Distance Power**：有限距離影響戰力指的就是，在面對 **10** 個人數範圍產生的影響力，或是面對 **100** 個人數範圍內產生的影響力。

### 5. Virtual Power：無限距離影響力 1：∞

當我們在擁擠的捷運上，當我們在擁擠的電梯內，我們總是會很自然避免和他人有目光的接觸，直視天花板，或是看著自己的手機……到底是為什麼呢？

這是因為，相對於不同的關係，我們會和他人保持著不同的距離，而越界的距離則會讓人感到特別不舒服。這一切都是因為——陌生感，也就是人會隨著距離變遠而加大陌生感的數值。

隨著 5G 時代的到來，上網速度不僅更加快速， 以前只能在線下完成的事情，現在都能透過虛擬技術運用 Zoom 突破現實的距離感。從這次 COVID-19 疫情之後距離已不再是問題，只要你能純熟的使用橫向戰力，尤其是人們必需見面的熟悉感在心理層面也被打破了，在這次疫情期間我就同時訓練美國一家金融企業，集合美國、中國、台灣三地的員工舉辦線上培訓，其中較大的挑戰則是文化認知的差異，所以距離已不再是問題了。

**横向戰力**：More Connections ／ More Resources

不僅僅是你。我們的友誼現在真的更糟了——而且越來越難結交新朋友，因為我們的社交能力在下降中⋯⋯

來自新興法國社交媒體顯示，大多數人都處在家裡的沙發上或屏幕前，這並不奇怪，我們傾向於花更少的時間與人相處。長此下來，我們認為我們的友誼將會如何生存？

根據美國生活調查中心的數據，大約一半的美國人

在疫情大流行期間與朋友失去了聯繫。而傾向於與朋友建立更深層次聯繫並更依賴這些關係的年輕女性，遭受的痛苦更為嚴重。近 60% 的人表示與至少幾個朋友失去了聯繫，16% 的人表示她們不再經常聯繫他們的大多數朋友。長達數年的疫情大流行使人們彼此疏遠，並從根本上改變了我們的社交方式，隨著人們盤點生活發生的變化，我們所留下的友誼似乎不再那麼重要了。

從歷史上看，許多人在職業生涯的早期就結交了最親密的朋友（我跟我太太就是在我們工作地點飛機上相識並結婚，我們都是華航空服員）。對許多人來說，工作只是社交網絡的演變：從操場到高中食堂，再到大學四合院，再到辦公室隔間。我們在花最多時間的地方交朋友。

根據蓋洛普首席執行官約翰·克利夫頓的說法，普通人一生中在工作上花費的時間超過 81,000 小時，將近十年，我們比任何其他方式都更有可能在工作中結交朋友。

當然，不管是好是壞，自 2020 年 3 月以來，工作模式已經不一樣了。你可能聽說過，但人們並不像以前那樣真正在辦公室裡工作。根據 Kastle Systems 的數據，辦公室的入住率最近才略高於 50%。即使當您面對面時，我們的許多互動仍然是虛擬的。在他的研究中，行為科學家暨密歇根大學教授 Jeffrey Sanchez-Burks 一直在問，為什麼人們離開 Zoom 會議和互動時會感到空虛？然而，根據美國生活調查中心的數據，幾十年來人們的友誼和關係質量一直在下降。尤其是男人的社交圈子，已經衰落了大約 30 年。

　　我們的親密朋友比以往任何時候都少，與朋友交談的次數比以往任何時候都少，我們比以往任何時候都更依賴朋友的支持。結果，我們正處於另一個非常真實的公共衛生危機的邊緣──孤獨。

　　我們中許多人都渴望擁有看似過去時代的友誼，為什麼？如果我們的生活中有我們認為是朋友的人，我們會覺得缺乏有意義的聯繫嗎？為什麼卻會有一種壓倒性

的孤獨感？自從社交媒體和我們日益虛擬的世界滲透以來，我們的友誼、我們的互動方式以及我們聯繫的質量都被削弱了。這些應用程式讓人們感覺聯繫更緊密，同時也為聯繫設障礙方式，在這一點上得到了很好的記錄和爭論。

在 1990 年的蓋洛普民意測驗中，75% 的受訪者表示有一個最好的朋友。快進到 2021 年，接受美國生活調查中心調查的人中有 59% 表示他們有一個最好的朋友。

## 四、More Connections／More Resources

### 橫向戰力的基礎在 CPSN 四項能力的組合而成

所有的企業都會思考一個問題——怎麼讓我們的企業能夠非常穩定而持續的成為百年企業。想要成為百年企業，它一定是團隊具備了核心競爭能力，這個核心競爭能力我們把它分成兩個部分：

第一個部分是內部的部門與部門之間合作溝通協調

的效率；

第二就是我們稱之為外部的營業績效也就是一個團隊。

想要在內部合作的效率以及外部的營業績效提升，同時都能做得很好，這個團隊一定要具備一個團隊核心競爭力，這個團隊核心競爭力我把它稱之為「CPSN」。

**所謂的 CPSN**

**C 代表 Communication 溝通**

這種能力能夠讓雙方都能聽到對方的聲音，對方的

想法，而且同時雙方的情緒都是非常的穩定而平和的。

### P 代表 Persuasion 說服

也就是說一個人告訴另外一個人，有一個新的方向而能夠共同一起達成。

彼此的信任促使兩個人能同時邁向新的方向，這樣的一種能力我們把它稱之為說服力。

### S 代表 Sales 銷售的能力

所謂的銷售有兩個狀況：

一我們可能是拿出時間，跟對方來配合他的所謂的 Idea，另外一個就是我們可能拿出金錢去購買他的產品。

所以所謂的銷售它有兩種模式：一種是銷售 Idea，另外一種是銷售有形的商品。

### N 代表 Negotiation 談判

所謂的談判就是比我們設定目標要再高一點的獲得

我們把它稱之為 Getting More（源自美國華頓商學院教授 Stuart Diamond 理論）

但是在各個企業存在的現象，卻是員工的 CPSN 溝通／說服／銷售／談判的四項能力嚴重不足，請看以下圖表：

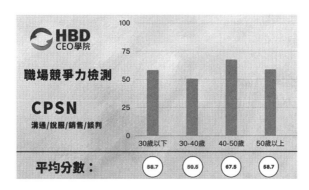

經由上方圖形顯示，員工在 CPSN 溝通／說服／銷售／談判的能力不足（這是 HBD CEO 學院經過美國／中國／台灣三地超過 500 份測試統計數據）。

我們可以從這個分數指標看出 30~40 歲的中階年

齡層，在人際互動管理領導上需要努力，了解不同世代的價值觀及行為模式；否則過於站在自我的角度就無法做一個好的溝通者，將無法做稱職的管理層，領導者是要將不同世代價值融合在企業價值與文化中，方能精準的執行企業的戰略為企業創造最高的效率與效益，所以 CPSN 橫向戰力就顯得格外重要。

所以企業公司一定要跟國際接軌，讓我們的員工彼此之間得到不同的國際文化／國際思維以及國際的工作技巧，當全體員工都會了 CPSN 之後，我相信這一家企業它的內部合作效率將會大大的提升。因為內部員工的表達能力、溝通能力、協調能力，這三大核心能力都大幅提升之後，公司的目標、公司的理念以及全體公司員工的行為都將達成一致，當目標、理念、行為都能達成一致性合作後，團隊默契就產生了化學變化，當團隊能夠產生最大的團隊合作效率，這一家企業的文化也就容易落實。當一家企業有了優質的文化，相信就會吸引到

非常多的卓越人才，當一家公司有了卓越的人才它的產品必定能夠創新，當一個企業有了優質文化、卓越的人才，產品又能創新，這個時候企業在外部的競爭能力將大幅的提升。

因為 CPSN 橫向戰力幫助了員工在銷售、服務、簡報、談判四大能力大幅提升，而這四大能力將會讓我們在外部跟代理商、電商平臺互動上將非常容易得到企業想達到的績效 KPI，當能夠達到績效，企業的品牌將慢慢的茁壯。而當你的企業品牌茁壯，相信後面企業的戰略將非常容易達成。所以在提升企業外部績效、品牌度提升之後，企業就能建構巴菲特所說的「企業護城河」。


這個時候麻煩各位讀者稍微按一下你的閱讀暫停鍵，找個人討論一下什麼叫做 CPSN？我的 CPSN 最強的是哪一項？誰的 CPSN 在我們團隊中是最強的？

大家來討論一下，相信再往下繼續學習將有很大幫助。

# Virtual Power 橫向戰力──虛擬串流時代已來臨

我們除了學習 CPSN 的能力之外我們還要注意環境的改變，COVID-19 把我們全世界的商業環境都做了一個大幅度的改變；這樣的一個改變誕生了一個叫做「距離式經濟」，這個距離式的經濟誕生之後我們必須要注意到什麼？

**1 商業思維**

**2 商業的模式**

我們將大幅度的重新修正，所謂商業模式的大幅度的修正是因為我們已經不只停留在 1.0 的分享式的商業模式，已經進化到 2.0 的移動性的商業模式，不僅如此，已經進入 3.0 的串流式的商業模式；而串流式的商業模式它的整個背景是由 5G、AI、Blockchain 所組合而成。這三個因素組合而成之後快速的把人們帶向了所謂的一

個 Virtual World 虛擬世界，而當我們進入 Virtual World 虛擬世界之後我們要知道如何去運用 AI，如何運用 5G，如何運用 Blockchain 的技術。

這三項因素組合，它非常強的是在邏輯、運算、速度上，但是我們要思考它缺的是什麼？我想它缺了三樣因素：

**「溫度」，「情懷」，「畫面」**

人與人之間的互動不可能只靠邏輯只靠速度，他需要溫度！他需要情懷！他需要畫面！

這是我們人類一直在追求的！需要的！渴望的！

而串流商業模式的核心就是串聯這兩個字——價值

價值的核心有三大關鍵：

**1. 精準世代性的商品**

**2. 精緻客製化的服務**

**3. 精耕全球化的串流**

所以我們必須知道每個世代的價值，而價值它又可

區分成：

　1.Baby Boomer 嬰兒潮；2.X 世代；3.Y 世代；4.Z 世代

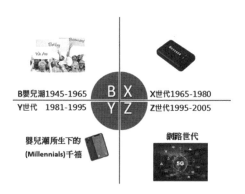

　他們的價值觀想的要的都是不一樣，所以我們必須要做到精準、精緻、精耕，才有辦法成為下一波串流式商業模式的贏家。

　我們來看看一個例子，中國江小白這瓶酒，在每一瓶酒上都印有一句話，我們來看看它印的是什麼話？「陪你走最遠的路是我最深的套路」，「走過彎路也好過原地踏步」，「所謂孤獨就是有的人無話可說，有的話無人可說」……

這到底在賣什麼？它不是在賣酒！它賣的是一個「情懷」

也就是當年輕人互相感情破裂、吵架的時候來一瓶江小白，可能他們就回到了原來的感情基礎上，所以人一直需要的是關懷、情懷。

下面我們再來看看這個的例子：

Starbucks 星巴克咖啡在 1999 年當業績下滑時，CEO 把高層領導召集一起開會腦力激盪。有人說：我們去加大廣告的力度，有人說：我們去買更好的咖啡豆，但是有一個人說了這麼一句話："It is a place, where we people meet."

它不再是只賣咖啡而是提供所謂的「第三空間」的概念，也就是我們下班從辦公室要回到家，中間一個交朋友的地方或是一個可以談公事的地方，一個商業行為的地方……

所以 Starbucks 在它原來的 Logo 上把 COFFEE 這個字給拿掉了，從原本只是賣咖啡的產品服務升級為第三空間價值情懷的服務。

大家要知道，早在 2000 多年前《孫子兵法》就已經說過：

「凡戰者以正合以奇勝」的概念，所謂的「正」在商業上指的是我們公司的品質一定要優良，但好的產品未必就能一定贏得消費者的青睞，所以這個時候我們必須要想到是出奇才能致勝。

而出「奇」的概念就是為客戶購買的產品創造最大的價值，才能夠達到出奇致勝，不僅江小白、星巴克能做到。我們再來看一下這一次的 COVID-19，還有另外兩個大贏家：

第一個是串聯全球娛樂消費提供：NETFLIX 影音平台

第二個是串聯全球聯絡需求的影音：ZOOM 會議平台

為什麼這兩家能夠成為這次 COVID-19 的大贏家？

因為他們做到了以下三點：1.Subscription；2.Virtual；3.Streaming

在疫情期間大家都不能出門，他們卻提供了全球串聯服務，全球運用 Virtual 來串聯，讓全球客戶得到最大價值的服務！

以上的案例告訴我們不論是個人，不論是企業，都需要強大的橫向戰力才能順利跨年齡，跨性別，跨世代，跨部門，跨產業，跨區域，跨國際⋯⋯

More Connections / More Resourcs，會為你創造自己的天空！自己的王國！

學習 CPSN 有兩大關鍵因素要把握：

第一，時間線

第二，價值觀

我們必須把這兩件事情很清楚的知道，什麼是時間線？什麼是價值觀？我們才有辦法把我們的 CPSN 能力發揮到最大化。

　　我們們先解釋一下什麼叫時間線。時間線我們分成過去、現在跟未來。在我們所有溝通、銷售、說服、談判的過程裡面大家碰到所有的障礙、反對的問題通通都來自於過去的經驗；而拒絕大部分都是來自「現在不需要」，而CPSN就是運用時間線來創造未來希望。其實當你聽到別人反對你的時候，不用太著急，因為那是過去的經驗。他拒絕你，說：現在不需要！但，並不代表未來不需要！所以運用CPSN可以處理掉反對問題，可以處理掉拒絕的問題。

　　相信大家常常都會聽到別人跟你說：我的價值觀跟你不一樣！我們也會說：我的價值觀跟你不一樣！可是我們有沒有想過，我們怎麼去確認？去瞭解？去觀察？去找到？去發現別人的價值觀是什麼？甚至發現自己、

瞭解自己的價值觀到底是什麼？對於價值觀，我們如要下一個很精準的定義其實是不容易的，因為我們只會跟人家說：我的價值觀跟你不一樣！於是我們在與別人進行溝通、談判、銷售很容易就破裂。所以，找到對方的價值觀跟我們的價值觀能夠契合，將會是溝通、銷售、說服、談判中非常重要的一個關鍵因素。

所以我們現在要精準的把價值觀做一個清楚的定義──

**價值觀：**

**為一件事情付出大量的行為，這個行為可能是時間，可能是金錢。**

但我們要發現對方更深度更精準的價值觀，必需要有另外一個概念就是他「大量的行為」付出是為了誰？我們把它定義為「單數變複數（我最愛的人）」

舉個例子各位來看看，20 歲／50 歲／80 歲的女性朋友，她們做瑜珈的價值觀是什麼？我相信大家一定都會說：為了健康，為了身材好，我們都會認為是對的；

可是有沒有想過，如果把單數變成複數的情況下，她的價值觀可能會產生不一樣的走向？產生不一樣的方向？我們試試看。

以 20 歲的人，她為什麼要去做瑜珈這樣的一個運動？當然她會身體健康，她會身材很好，可是你有沒有想過她為了最愛的人是誰呢？如果她為了是她的奶奶？她可能因為我有更好的健康的身體，我可以去照顧陪伴我的奶奶……

如果我們把它變成她心愛的男朋友呢？我相信又改變了……其實每一個人在做「大量的行為」的時候，我們必須要觀察她是為誰而做？

我們再把例子往下延伸 50 歲的女性朋友，她去做瑜珈她為了誰？我們可以說：因為她為了有年輕的臉孔，有年輕的身材，所以她可以看上去和她小孩成為姐妹、姐弟的年輕狀態！

80 歲的人，我們可以說：她為了讓自己的身體變健康，可以同她的老伴去爬山；她也可以說：我有很健康

的身體，可以照顧我的孫子。

價值觀因為有了複數的概念，它會變成更真實，更深度的價值觀。所以當我們要去瞭解一個人的價值觀，我們必需還要更清楚的知道「他為誰而做」？


我們再來看看以下幾個複數價值觀的例子：

George 他講：我的孫子在 2100 年翻開這本書說會出一句話叫「還不賴」！我就一定很開心！這是 100 年以後的事情，因為他出書的時間是 2000 年出版。

我們再來看看林肯。林肯這一生所付出的價值就是為了要廢除奴隸制度，哥倫布這一生努力的就是為發現地球是圓的，Walt Disney 華德狄斯耐他所付出的就是幫人們創造歡樂……我們再來看看歷史上非常有名的「四面楚歌」，韓信未動用一兵一卒卻可以獲得勝利，因為他用的是思鄉的價值觀，吹奏的是楚歌讓他戰勝楚國而大獲全勝！

## 企業目標管理：

企業最重要的是企業目標的訂定，而訂定企業目標有很多種方法，我們比較熟悉的有兩種 KPI、OKR，不論你是用 KPI 或是 OKR，別忘記一件事情，員工的個人生涯目標管理。因為很多的企業在訂定目標後，發現沒有辦法如期、如實完成企業目標，很苦惱的找不到原因。我們必須要知道基層的被領導員工，基本上他不會是用公司目標帶動個人的生涯目標，而是由個人的生涯目標帶動企業目標。所以，我們必須要非常瞭解每一個基層員工他內心的生涯目標，我常說我們管理者並不是在管人，而是在管員工的目標能不能達成。如果不能達成，這將是管理者的問題！所以管理者最大的目標是要說明企業年度季的目標、月的目標，帶領團隊做一個更高效率的表現。

**基層管理：**用行為學，他們需很清楚的行為指示與規範，才能避免情緒化而完成 KPI 工作。

**中層管理：**用心理學，他們同時要能理解高層給的

工作指標，又能認清掌握基層員工的優點完成公司給予的任務 KPI。

**高層管理：**用哲學，他們面對的是瞬息萬變的商業市場，在強烈競爭中能面臨高風險中做對的決策，更要找到企業願景 OKR，才能在逆境下帶領企業再創高峰。

所以目標管理就變成領導者的成敗關鍵，人生導航器生涯定位系統── GPS 目標！我們人這一生，今年該做什麼？明年該做什麼？10 年以後我們又會變成一個甚麼樣的結果？大部分的人都很難去判斷，就好像飛機、太空梭它跑到太空之後缺少了定位系統，也就是說我們人的這一生需要有一個非常清楚的定位系統來導引著我們。

在《四書》這本書裡面的〈大學〉，它很清楚的告訴我們，「大學之道在明明德，在親民，在止於至善」，而必須做到的是「定、靜、安、慮、得」。當你能夠瞭解大學之道在明明德之後，你自然就能掌握到這五個字。而這五個字的「定」最主要告訴我們──就是「目

標設定」。

當你目標設定完之後，我們要進行第二個字「靜」。在情緒上的管理，當你能夠有目標，情緒管理又非常好，這個時候「安」，你的策略因為你的情緒、思路都非常清楚下就能夠訂定一個好的策略。當我們的好策略往前繼續走的時候，難免會碰到挫折以及不順利，沒關係！第四個字「慮」，這個慮就是告訴我們，當碰到挫折難免都會有一些灰心喪志，這個時候只要回頭去想我們的目標，此時我們的動力、我們的想法就彷彿可以重新像獲得一個新生命般又燃起動力！目標對我的人生而言是非常非常的重要！

目標就是我們的 GPS，是我們人生的導航器，在大學之道裡面最後一個字講的就是「得」，你的目標才能夠達成。所以「定、靜、安、慮、得」是我們設定目標中很重要的五個字，是一個迴圈檢討的機制。當我們要做目標設定的時候，往往會碰到另外兩個因素干擾，在我做教育訓練這麼多年，發覺大家始終逃離不了這兩個

因素，這兩因素便是時間管理與情緒管理。

　　也就說，時間管理與情緒管理跟目標管理其實是一體在一起的。那你認為哪一個管理是最重要的呢？這三個因素在我多年的教學經驗中，我請學生投票，結果都發現到情緒管理是最高票。也就是大家都把情緒作為阻攔、妨礙目標達不成最重要的因素，那事實真的是如此嗎？

　　各位我們來看看下面兩個例子：

　　這一個人的一生挫折非常的多。21 歲做生意失敗，22 歲角逐州議員也失敗，24 歲再度回去做生意還是失敗，26 歲的時候愛情也失敗，27 歲一度精神崩潰，34 歲他又去角逐聯邦眾議員還是落選，36 歲角逐聯邦眾議員再度落選，45 歲他去角逐聯邦參議員還是落選，47 歲提名副總統仍然是難逃挫折落選的命運，49 歲再度角逐聯邦參議員再度落選……到這裡你覺得他的情緒已經到達什麼樣的一個狀況了？但是他仍然不屈不撓的往前

走，這一個人就是美國第 16 任的總統——林肯。

我們再來看看下面這個例子：

這位是在臺灣的一位高爾夫球選手，叫吳佳晏。她 5 歲開始打高爾夫球，吳佳晏 10 歲的時候到了美國跟美國的記者說：「我國小的時候就要轉打職業賽，因為這樣子我就可以早一點進入職業選手行列，我就可以早一點拿到世界第一名！」她的目標夠清楚吧！夠強大！因此在她 14 歲的時候，就拿下台灣巡迴賽最年輕的冠軍選手！

我們大家都會做目標設定，可是為什麼設了目標很容易放棄而沒有辦法完全按照我們的意思往前一直去執行？我想今天要很清楚的跟讀者們解釋目標設定的方法。你沒有目標設定就不會有動力，但是我們要先想清楚，我這個目標設定到底是為什麼？所以我們把它稱之為目的。當你的目的很清楚之後，才有辦法擁有巨大的動力與決心往前去執行你的目標。

而這目的將會產生三種不同力量，我們把它分為

第一種叫 獨享

第二種叫 分享

第三種叫 共享

這三種力量也將會產生非常不同的結果！

　　所謂的獨享，就是我們前面講價值觀的那個重要的定義，獨享就是所有的目標行為都是為了個人而在努力；

　　而分享，他是為了一個最愛的人，可能是爸爸、媽媽、妻子或兒女，所以他的力量是巨大，獨享和分享這兩個的最大的差別性就在於單數跟複數。我舉一個實際自己的例子來講。我早期年輕的時候進入中華航空公司當空服員，當時我就設定目標想要買一棟房子，這一棟房子是想要讓我媽媽來居住。

　　因為設立買房子這個目標，我就可以排除掉很多的誘惑努力存錢。每當我們飛機飛到美國到洛杉磯，到

紐約，同事們想約著一起外出遊玩，想要一起去吃好吃的餐廳……我也很想去玩，也很想去吃，但在這個時候我立即想到我要快速的存錢，存到錢才能夠買一棟房子讓媽媽安心居住……因為這樣一種目標從單數變成為複數之後，我便可以非常快速在最短時間內由記憶體搜尋到「我想要買房」的訊號，進而克服自己能不受誘惑的花錢。

我們剛剛談完了從獨享到分享最大的區別的點是單數變複數；而分享的力量則要再往前走，由共享提升，從複數進而變成多數。什麼意思呢？就是把你的智慧、把你的金錢、把你的經歷除了分享給你認識的人以外，能夠再跨越分享到給不認識的人，如此它的力量將是更巨大、更強大的。

所以目標設定很容易，但是要達成目標卻不是那麼容易，因為人性都是容易因挫折而放棄，如果我們要讓我們的目標不間斷、不放棄、不畏挫折一直往下走下去，我們是否可以從獨享只為自己設定目標而進化到分享

，為你所愛的人去努力、奮鬥？當你能作到分享再到共享的時候，那這股力量就更強大！所以你的思考是從個人、到親人再到團體，進而到社會甚至更遠大會到整個星球……怎麼把目標設定推向一個更大、更遠端的目標，各位讀者完全看你囉！

我們剛剛談完了目標設定，你的目標設定完成後它是不會自動就完成，怎麼樣才能讓你的目標能夠執行並且完成，我們有一個方法叫「30 秒目標終極設定法則」。所謂的 30 秒目標終極設定法則，就是練習如何在 30 秒內把你的目標去告訴別人，也就是說因為你的目標只放在你的心裡面，別人並不知道，因此要試著多去跟人講，去告訴別人。

當你在講的過程就會進入到你的潛意識，說的次數越多你的執行力道就會越來越強，每當你碰到挫折的時候才能夠勇往直前。而這樣一個 30 秒目標終極法則的設定跟一般的目標設定法則不太一樣，一般的目標設定法則都是由第一年我做到什麼，再訂第二年應該做到什

麼，然後我第三年合理的會做到什麼。

但我覺得這樣的一個設定法則不是很好，而改成了以下：

首先，我們應該先設定從最遠十年推算，先設定好十年後我會變成一個什麼樣的狀況，達成我的公司、個人目標；

第二，從十年推到五年；五年再推三年；三年再推到一年必須要執行的目標。

我們個人的目標設定最起碼應該先做到五年回推，五年我會達成而成為一個什麼狀況？或是變成一個什麼狀態？

三年我會變成一個什麼狀況什麼狀態？

而一年它必須完全要達到的是什麼？

在整個過程裡面，從五年、三年、一年的回推。這種方法有一個最大的好處，那就是我的決心是五年後一定要達成的目標，但是在一到五年中間發生的問題、發

生的挫折我們就可以去尋找新的方法去調整，這一套目標設定法則方法重點是我們必須每三個月非常的精準的、清楚的去找到我們沒有執行完成的部分，去調整、修正方法。所以，你自己必須要有一套系統來追蹤你的目標，管理你的目標，一定是要帶數字那這樣的檢討，每三個月必須徹底去執行檢討一次。

所以許多企業的 CEO 跑來問我這個問題：「為什麼我們公司的文化沒有辦法落實的執行？只淪為口號Slogan ！」其實任何一個企業都需要有 Slogan，可是這一個 Slogan 沒有辦法進入到員工的 DNA 它便很難落實。我們是不是要找出原因為什麼 Slogan 沒有辦法進入員工的 DNA ？因為公司的目標與他個人的目標互相違背！也就是說他不願意拿出十分的力量來執行公司的目標。因此，他的行為開始打折扣，而當他的行為開始打了折扣，公司所推出的任何的政策也就沒有百分百去執行，這時候公司的文化當然也就沒有辦法落實！我們前面

說過，唯有公司的文化落實才能讓這個企業生生不息！

　　我們從馬斯洛的心理學來看看目標是有多麼的重要。馬斯洛心理學第一點就告訴我們：

　　**心若改變，態度就改變**。這個心就是想法，所以當你的想法能聚焦那就叫「目標」。

　　所以，當你的想法跟目標能聚焦，自然而然你的工作態度就會改變；

　　當你的態度改變，很多你的習慣就容易養成。我們前面不是說到：一個企業文化為什麼不能落實，是因為員工沒有良好的工作習慣，沒有良好的工作習慣其實有一個很重要的因素，我們看不到他有良好的生活習慣，我們一直在強調「習慣」，工作習慣的背後一定來自於他的生活習慣，他的生活習慣改變一定會改變他的態度，他的態度一定來自於他的想法──心。所以，今天我們要讓員工變得更具有強大的力量來執行公司的目標及策略，就必須從源頭找到他的想法。想法這裡面又牽涉

到公司的願景，因為他看到公司的願景，看到公司的願景之後他就會願意去配合公司而做調整去改變，久而久之就產生了一個良好的工作習慣，所以當他習慣形成之後他的性格不知不覺的就在改變，當性格改變人生就會做一個很重大的改變！

總結，心若改變，態度就改變；態度改變，習慣就改變；習慣改變，性格就改變；性格改變，人生就改變。

員工的每一個人生都是積極向上努力，我想這一家的公司遠景必然是光明的！所以我們一起來改變我們的人生，從思考模式改變，從想法改變，最重要就是聚焦在目標。


我們談到情緒管理，其實喜、怒、哀、樂，最難的是怒跟哀的管理。我們要把怒跟哀做一個很好的管理，首先要有個概念，生命的歷練等於你生命的力量。也就說，遇過越多的挫折，碰過越多的挫敗，日後你的生命

力量就越強大。

　　人生十之八九不如意，但是別忘記還有一跟二。一跟二就是告訴你「絕地大反攻、否極泰來」，也就是說，其實我們碰到所有的挫折、所有的歷練，不都是在等待唯一的機會嗎？所以當你不如意的時候，請不要生氣。如何可以不要生氣？這裡有一個動作幫助大家練習：不要低頭！當你情緒不好的時候，想辦法抬頭看看天上的藍天白雲，如果那天是陰天，請各位去幻想雲的背後還是藍天……所以不是藍天沒有出來，只是雲暫時把我們遮住了……

　　樹永遠必須要澆冷水才能長大！當對方在打擊你、嘲笑你，請各位去想想，其實他是在幫助你，幫助你苗壯！澆越多的冷水，這棵樹才會長得越好！

　　逆風起飛，才能創新高！想想看一架波音747跟一架滑翔機，它們所承受逆風的時間誰會比較長？當然是波音747！滑翔機很快地就能起飛，而波音747卻要忍受很痛苦、很長的時間才能夠起飛！再去思考一下，滑

翔機飛得高？或是波音 747 飛得高？是波音 747 飛得遠？還是滑翔機飛得遠？

當我們碰到所謂的怒跟哀情緒來臨時，上面所談的幾項的方法，最重要的是你腦中要去思考什麼，心裡面要去想什麼？不要忘記你的五年目標，也就是說當我們的情緒不好的時候，我們唯一想到的就是「一個五年的目標實現以後的美好的畫面」在等著我們⋯！這才是讓我們情緒翻轉最好的方法！我再重複一遍，當你的情緒不好的時候一定要想的是你的五年目標實現後的美好的畫面在等待著你！

我們剛剛談到了 EQ 裡面情緒管理的怒跟哀，現在要談喜跟樂。喜跟樂往往很多人沒有辦法完全的表達出來，尤其是男士們！舉個例子，太太剪了新髮型，回來一個禮拜好像都沒看見也沒注意，讓太太非常的生氣！我們要掌握喜跟樂的 EQ，首先我們一定要做一件事情——多給人家讚美，多給人掌聲。這會在第一時間，你的人緣與人際關係便會比較好。

我們講的讚美看似容易，其實做起來並不那麼容易達到效果。很多人喜歡說：「你今天看起來還不錯耶！」還不錯，這句話要小心！知道嗎？我們的耳朵聽到的會是最後一個字——「錯」。

　　「謝謝你今天做的還不賴耶」什麼叫做還不賴？在表達時要使用肯定句，要很清楚的表達出來，「你今天做的非常棒！」這會讓人感受到你直接給他百分百的誠意，而不是用一種所謂的評論式、評斷式的表達的方式。同時，我們也常用一些虛偽的讚美，譬如：一見面就跟人家「嗨～帥哥美女！」「帥哥美女」是最不具有誠意，每個人都喜歡被讚美但是又很不喜歡虛偽，人性的心理學真是非常有意思。

　　讚美另一個重要的原則叫「就地取材」，也就是你看到什麼就直接的表達。如果是做銷售工作的你，進入客戶家中，你說：「哇！我一進到你們家，就感覺到你家是全世界最棒的、最美麗的家庭佈置」，客戶心中一定覺得你好虛偽，因為你用的是「全世界」。一進屋就

這麼浮誇的誇讚他，但這些讚美在他心裡有沒有感受？肯定是有的！所以讚美其實必須要用三次以上，但並不是要連續的說。當人們接受讚美的時候，第一次一定覺得你有點虛偽，可是你過了5分鐘、10分鐘再讚美他一次，他心中會覺得：我好像真的有這麼多的優點……再等一段時間你再讚美他一次，他心裡就會完全接受到你的暖意。人性就是如此，人性為什麼喜歡接受讚美？因為每一個人都希望我們的付出能夠被對方看到，被更多的人肯定、以及接受掌聲給我們鼓勵。這就是情緒管理最大的一個原動力，請多把你的開心，多把你的讚美與掌聲送給所有的人！

Streaming Power

# 橫向戰力

part 2

# 溝通的藝術：建立深厚的人際關係

在企業裡部門與部門之間的溝通，領導者與被領導者之間的溝通，有幾種我們常說的話要特別謹慎不要使用：

### 第一種：不可能

有些人口中很喜歡用不可能這三個字表達，說多了就變成像口頭禪般養成習慣，當別人在與他談起某件事情時，他第一個反應就是「不可能」，當不可能講成習慣，就會將整個職場的氛圍造成非常負面的磁場。每個人都是希望能與 Positive 正面的人在一起，與正面、積極的人在一起就覺得非常喜樂並充滿希望；反之，我們不喜歡與那些 Negative 負面的人在一起，不知不覺也會被帶到負面。所以職場上最怕的就是遇到 Negative 的人，所以我們一定要戒掉這一個「不可能」負面的口頭禪。最好從今天開始都不要說！

### 第二種：我知道

在與人互動的時候最怕聽到這三個字——「我知道」。其實有時候你是真的知道，可是對方耳朵裡聽到心裡可能會怎麼想？「你是不是嫌我囉嗦！」，「你是不是不耐煩！」，「你是不是沒有耐心！」……所以，我們可以把「我知道」換成說「我瞭解！」。

所以「我知道、不可能」這六個字希望從今天開始大家都不要使用，因為它會破壞人與人之間的溝通，部門與部門之間的協調，這是一個非常重要並切忌勿使用的六個字！

### 第三種：問題與缺點

除了那六個字之外，我們常常會喜歡講「問題」，以後碰到「問題」或是所謂的「缺點」，我們可以用什麼樣的字來取代替換它更好與對方溝通呢？「問題」這兩個字我們可以用「狀況」來取代，而「缺點」我們可以用「成長空間」來取代。

我們不要說「你有問題喔」，「你真的很嚴重喔」

，因為只要想到「問題」你一定會想到它的嚴重性，我們心平氣和的來看發生的情況，我們再用什麼樣的方法、或是什麼樣的心態去面對它、去處理它。

當被領導者聽到對方說：你有一個不好的缺點，這時聽在心裡他會覺得難道我都沒有優點嗎？這一種字眼聽在耳朵裡都會是一種打擊甚至是一種破壞信心；我們可以換另一個說法來講：我看到你有一個好大的成長的空間，如果能夠朝向這個成長空間好好的調整努力，相信後面你將發揮極大的潛力！

這樣是否既激勵也幫助對方改正，聽在耳中也會覺得很舒服而願意接受改變。

人與人之間在溝通時，我們往往不會注意到一些口頭用語，直接的脫口而出，不但沒有達到溝通的效果，反而會是打擊對方、傷害對方而不自覺，這讓彼此之間關係越來越缺乏信任，彼此的協調性就越來越差。

我相信要在短時間之內改掉你平常的用語，這是一個不簡單的事情。但是只要開始用心踏出去，從不習慣

開始不斷的調整、提醒自己的用語，建立一個新的習慣去與他人溝通，相信這將會是一個好的改變，記得前面說過，馬斯洛的心理學「心若改變，態度改變！態度改變，習慣改變！習慣改變，性格改變！」當性格已改變，你的人生就會全然改變！

　　經過專家的統計，運動員要成為頂尖高手需要持續不斷的練習再練習，重複重複再重複，讓自己養成一個好的習慣，而要打造一個成功的行為模式，經統計需要一萬個小時反覆練習，就能改變！所有的事務都是從不習慣變成習慣……所有習慣都是反覆不斷地練習養成……

　　我們人是一種視覺動物，所以當顏色刺激到我們眼睛的時候，我們是不太經過大腦去分析與判斷。舉這樣的一個例子，如果有二十位男士穿黑色西裝、黑色襯衫，打著黑色領帶往你旁邊走過去，請猜猜看他們的職業是什麼？我相信各位得到的、猜到的答案都是差不多……

# 色彩心理學：影響情緒、行為的視覺奧秘

現在我們來分析一下顏色，看看我們會是做什麼樣的反射？什麼樣的反應？

### 紫色

喜歡穿紫色的女性朋友，她性格是比較偏向保持高貴、保持神秘，但是它是一個非常漂亮的顏色，所以當我們碰到一位女性朋友穿著紫色衣服，你可能需要花一點時間與她相處，不要太著急！

但男士如果打著紫色領帶或是穿著紫色的襯衫，這時紫色的解讀與女性穿著紫色解讀可能會有一點點出入，什麼意思呢？男性朋友如果喜歡紫色，代表他的內心是比較開放，可以接受新的事物，也就是他可以接受比較前端性的想法，所以紫色是一個非常特殊的顏色。

### 黑色／白色

黑色與白色兩個基本上是比較的雷同，但又不是完全一樣。喜歡穿全身黑跟全身白的人，他們都比較偏向自我，但特別注意喜歡穿全身黑，可能比較具有攻擊性；但是在職場上全身黑又代表著專業性。

　　白色，偏向於浪漫純潔，偏向於自我的追求，所以雖然兩個顏色都是「自我」但解讀卻南轅北轍。

### 紅色／粉紅色

　　紅色這個顏色大家必須要巧妙的使用它，因為年輕朋友未必喜歡紅色，可是年長的人卻喜歡紅色，因此在天氣冷的時候，我們可以善用紅色來做點綴傳達溫暖。我們在使用顏色都要以對方的職業、性別、年齡來做一個不同調整與呈現。如果大範圍的使用，譬如你穿一身的紅色或是進入一個房間全部是紅色會造成對方不安躁動；粉紅色請女性朋友不要大範圍的使用，小範圍的點綴使用效果很好。要提醒的是女性在夏天不要大範圍使用粉紅色，它會造成男性的躁動與不安，可能會引來致命的吸引力。因此，粉紅色當成一個點綴色，將會是一個非常好的色彩搭配。

### 綠色

綠色，在我培訓二十多年觀察下來非常有意思，我發覺喜歡使用綠色的人，他的內心其實是很熱情的，但是在他的外表卻沒有完全表現出來，所以愛用綠色尤其是女性朋友在職場上，一定是一個很大的黑馬股、潛力股。

### 黃色跟橘子色

我們再來談談這兩個顏色，我想大家都很清楚也很容易使用，只要你想看來年輕一點，氣色好些就會使用這兩個顏色。當天氣不好，或常常下雨時你可以巧妙地使用這兩個顏色可以提升對方精神狀態！

### 藍色

大家也是非常清楚藍色，尤其是比較淺一點的天空藍會讓人很舒服，對於女性朋友可以運用藍色的寶石藍這個顏色，寶石藍讓人感覺到非常有氣質、高貴，是女性可以運用的參考。

我們以上所談的顏色，並不是要讓各位完全以美學的角度，而是站在心理學人與人之間互動色彩產生的感覺，這個是我長年對於顏色與人互動累積出來的經驗值，所以並不代表對與錯，而是一個可能性的方向！

　　當我們瞭解顏色對人們的影響之後，我們在人與人之間的互動就比較能夠精準掌握，什麼樣的顏色對什麼樣的年齡層，對什麼樣的職業，將是加分而不是減分。舉個例子講，如果今天你要洽談的對象是高階主管，可能你穿黑色搭配白色，會讓對方更感覺到你的專業。

　　我們再來談談背景色在工作上的運用，譬如說你想做一個簡報，想做一個產品發佈會，做一個 Presentation，這個時候比較適合選擇寒色系，因為寒色系會讓人覺得安靜而且情緒會比較穩定，能夠聽得進去你在講的內容，抓到你要講的重點。如果你今天是要準備做一些所謂的 Close 締結的動作，讓你的案件能夠順利成交，那這時候必須用暖色系效果會比較好。這個暖色系包括對方可以看到的背景顏色以及你的服裝顏色都要屬於暖色

系，這樣背景與服裝暖色配合，會讓我們做所謂的行銷締結的動作更為順利成功。用對色彩對你在職場上，在人際關係上將是一個無往不利的最佳武器。

我們要將 CPSN 這項能力運用自如，最重要的是我們要學會自我溝通，而在自我溝通裡面最核心的就是「目標設定」。為什麼我們一開始的章節就告訴讀者如何去做目標設定？因為當你沒有目標，就像太空梭飛到了外太空沒有定位、沒有 GPS 它會亂飛，所以我們需要一個導航器，我們的人生一個步驟一個步驟往下走，每個人需要導航器，每個人需要一個監控系統，如果沒有導航器與監控系統，我們的人生就會順著人性往下走，最後的結果與方向，我相信很多人曾經歷、都掙扎過以下三種狀況：

### 第一：知道不做

你為什麼知道不去做呢？其實我們人性往往是偷懶的，因為我們知道去做了一定要花很多的力氣又不見做

得好，或又要承擔後果，所以乾脆先不做……

### 第二：知道做不到

這就是沒有設定目標，記不記得我們前面所說過：當你的目標設定只是獨享，那力量是比較薄弱的，所以你必須要用到複數的概念，是為何而戰？不是只為你自己，更是為你心愛的人而戰！你就能夠克服很多過程碰到的心理障礙！

### 第三：做到做不久

那就更明顯了！因為當你碰到挫折，碰到所有發生的問題時候，你將會找到更強大的動力，以及更有效率的方法去克服它。所以人性知道不做、知道做不到、做到做不久……是我們常常發生的常態性，這個理論正好就符合佛洛伊德 Dynamic Psychology 的心理學，他說過人有兩個本能：一個叫做「生的本能」；另一個叫「死的本能」。

當我們知道不做的時候，我們已經開始啟動我們「死的本能」。人最怕的是懶惰，可是往往自己並不知道

！因為懶惰之後呢？就會變得保守！反正我就用我原來的方法，它會跟「生的本能」互相違背，因為「生的本能」要能啟動首先他必須接受變化，就像現在 5G、AI 這些技術不斷創新，對我們的工作上產生了很大的改變影響，甚至是取代！ChatGPT 正在發生……

　　改掉你的保守！改掉你的懶惰！你就能啟動「生的本能」。再加啟動你「生的本能」變化之後，你的速度感就會產生，你的速度感一旦產生的時候，當你達到目標你就產生一個成就感那叫「領先」！

　　所以整個過程裡面其實有很重要的兩個字——習慣。習慣非常非常重要，記不記得我們前面說過？心若改變，態度就改變；態度改變，習慣就改變；習慣改變，性格就改變，性格改變，人生就改變！因此，我們跟自己自我的溝通其實是要去啟動我們「生的本能」。讓我們能夠去掌握到變化，適應變化才會產生速度，在工作上、在企業中就會產生一種領先的文化特質。

我們在學習 CPSN 這一套方法的時候，要很清楚的知道它是由四個能力組合而成：溝通、說服、銷售、談判。這一次我再給各位用數字，來做一個很清楚的定義什麼叫做：**CPSN**

### 溝通

如果我們用數字來講，它回到了 0，也就是我們在沒有溝通之前，我們彼此的關係可能不是很好，我們的關係數值它可能是 -20、-30，但經過溝通之後，我們的關係數值回到了 0 這樣一個概念。

### 說服

也是從 0 開始出，到了彼此可以互相的聽到對方的聲音跟想法，就是所謂的說服；說服如果用我們的關係數值來表達，他可能進入了 20 或 30，因為我們在談一個全新的概念。

### 銷售

這樣一個全新的概念當能夠進入到 20 跟 30 的時候

，它產生了一點信賴感可以再往下走，我們就進入銷售。所謂的銷售，就是你願意跟我來做交換跟成交的一個動作，什麼意思呢？我可能用的是時間跟你成交，我願意配合你的合作方案，我願意配合你的 Idea，花時間繼續努力；或是，我願意拿出金錢來跟你購買你的產品，所以我們稱之為 50% 對 50%，我們成交了！稱之為達到目標。

### 談判

談判是銷售再升一個等級，也就是談判在銷售之後或是在銷售的進行之中，只是我們把目標又往上拉高，也就是我們會比原來所設定目標更高一點的所得，什麼意思呢？如果我們用數字來表現，100 叫做成交，我們可能超過了 100 它是達到 120 或是 130，因此我們叫「Getting More」。

CPSN 你可以把它分成四個能力來運用，也可以把它變成一個能力來綜合使用，所以 CPSN 希望讀者好好

跟其他朋友彼此互相的多練習，深入理解什麼叫做溝通？什麼叫做說服？什麼叫做銷售？什麼叫做談判？……不斷不斷的練習，當你熟練之後，在你個人的生涯不僅是在工作、在生活甚至與你的親子關係，你的夫妻關係，你的子女關係都會達到非常和諧的關係。

我們大家來猜猜看這個世界上誰最會做銷售？我想你已經猜了很多的名字，但是不一定對！這個人是 Tesla 汽車創始人 Elon Musk，記不記得我們講銷售？他銷售兩個東西：一個是 Idea，另外一個是什麼？──產品。

你覺得 Elon Musk，Tesla 在銷售什麼？我們把它整個總結下來，他其實一直在銷售「夢想」給我們，一直在銷售的是一個很抽象的 Idea 給我們，結果全世界的人瘋狂追隨他，為什麼值得人們去追隨他？我們來看看他的三個作品。

第一個作品叫 Hyperloop，從舊金山到洛杉磯，人們一般開車大概需要六、七個小時，可是坐上他這個

Hyperloop，只要坐在一個密閉式的空間三十分鐘就可以到達！所以他突破了人類的極限。

再下來，我們看看他的火箭回收。火箭發射出去之後，他可以成功回收以往只能丟棄的火箭；這又破了人類的歷史，也就是說他節省了非常多的能源。

第三個是什麼呢？我親眼在洛杉磯看到他的瘋狂想法，因為我在美國居住的地方離他的公司 Space X 並不遠，開車大概二十多分鐘就到了，我看到在他公司前面廣場挖了一個好大坑，當時所有的美國記者都在報導這一個人是不是瘋了 ?! 他要幹什麼？挖一個洞要讓汽車在下面為跑！什麼呢？因為他覺得洛杉磯塞車實在太嚴重，他準備讓汽車能進到地下所謂的一個隧道，穿上溜冰鞋的概念，讓它可以快速移動就能夠逃離塞車，解決塞車的問題。

如今這個夢想又實現了，所以 Elon Musk 他這一生一直走在前面，他曾經更瘋狂地說：「我出生在地球，我要埋葬在火星！」所以他一直不斷在突破我們的觀念！

我們把銷售拉回來，不一定只是銷售產品，一個領導者為什麼沒有魅力，沒有影響力，沒有吸引力？是因為你對未來的看法過於保守，我們可以把我們的想法放遠一點，我們做法必須很落實的做下來，這樣才是一個好的領導者，才是一個好的管理者。而在做銷售的時候，有三個因素會影響著你的成敗：

　　第一個因素叫文字它占了 7%，

　　第二是聲音占了 38%，

　　最重要的第三個因素就是生理跟心理占了 55%

　　什麼意思呢？也就是說拿文字去說服人其實是最沒有效果的，拿聲音來影響一個人它占的比重是 38%，所以後面我會教讀者如何來變化你的聲音、變換你的聲音，第三最重要的就是運用生理跟心理，這就牽涉到我們前面所講的心理，最主要就是你內心的那個目標，因為你有內心的目標所以你的堅持、你的看法會是比較篤定的，自然從你的眼神、從你的肢體動作就會散發出來一種自信的力量，我們把它稱之為魅力。

當一個人有魅力，他自然就會有影響力。但是讀者不要誤會，這裡指的魅力並不是漂亮、帥的概念而是它是一種真誠、真實的一個感覺，所以說我們內心的世界是多麼的重要，為什麼我們的內心世界如此重要？因為那是價值觀。

我們來看看 HBD 我們公司的價值觀：

**H**：Happy、Health，代表的是健康、快樂

**B**：Beauty，代表的是善良的

**D**：Dollar，代表的是財富、金錢

也就是說我們人人都想要賺到金錢財富，但是我們的出發點必須從 H：Happy、Health 快樂健康的心態出發，以善良幫助的心態面對客戶，幫助我們所有與我們互動的人並賺到該有的金錢以及財富，這就是我們 HBD 最重要的價值觀。

我們 CPSN 從溝通到說服到銷售及談判，說服是很重要的。說服做得好，它的力量發揮得好，將很容易達

成成交。也就是說在還沒有成交之前，可能你的說服發生什麼不良的效果，我們怎麼檢驗自己的說服能力可能走偏差了？有幾個檢查方式：

第一，很喜歡別人在講話時突然的打斷對方，這是不良說服者常犯毛病；

第二，講話時間的長度不能太長，一講就講個十幾分鐘停不下來，這是一個很糟糕的不良說服者犯的毛病；

第三，就是喜歡拿手指頭指著對方，這是更糟糕的。我們都知道拿著一個指頭指別人，就是三個指頭指著自己，所以我們不要犯這樣的一個毛病。

# 聲音的力量：用聲音打動心靈

我們在講話的時候總共有五種聲音在混合使用。

**第一，鼻音**

我們先來聊聊鼻音，其實男生不太會用鼻音，但很多女生會用鼻音說話，但鼻音使用在講話的比例若超過了二分之一以上，對方會覺得你不成熟，鼻音造成的娃娃音也會讓人家覺得你不夠真實。所以鼻音要巧妙的使用，尤其是在與男性較長者溝通時，小量的使用鼻音會讓對方會產生一種憐惜的感覺，所以女生可以好好使用鼻音，但使用鼻音的比例不要超過一半。

**第二，唇齒音**

用唇齒音講話，其實它發音是不清楚的，但是唇齒音講話的速度會非常快，所以很多人講話速度很快對方聽不懂，就是因為用的是唇齒音。但唇齒音適合訓斥人、適合與人爭辯，當你唇齒音用的很多你講話速度就會

變得很快，這時候對方會覺得你是一個沒有耐心的人。所以唇齒音不能夠大量使用，一定要控制在10%使用，生氣的時候講話速度要快，要表達你的意念的時候可以少量的用唇齒音。

### 第三，捲舌音

我們用捲舌音聽起來會很奇怪，但是捲舌音會幫助你放慢說話的速度，讓對方比較聽得清楚，如果你全部都是用捲舌音講話就會讓人家覺得速度太慢了一點。

### 第四，喉嚨音

喉嚨音它是一個很感性聲音，主管與被領導者在溝通的時候如果能善用喉嚨音將是感性的力量，「我們的團隊需要你，離不開你，你是一個非常有能力的人」這樣的聲音讓對方聽到會覺得被重視與信任。

### 第五，胸腔音

胸腔音比較是慷慨激昂，屬於激勵作用。主管在激勵下面的被領導者，這個時候要大量使用的胸腔音：

「今天我們公司需要大家的力量，大家團結在一起我們今天的公司的目標將百分百的能夠完成，創造我們的歷史！」

這五種從鼻音、唇齒音、捲舌音、喉嚨音到胸腔音，要能夠把它充分地表達變化的訣竅要抓到一個最重要的部位「丹田」。你的丹田氣要夠，才有辦法做到變化。

現在我幫助大家來訓練丹田。首先，我們要找到丹田在哪裡？它在肚臍的下面，肚臍下的三個指腹位置，我訓練二十多年發現到很多人不會用丹田的聲音，因為大部分人講話都是用喉嚨聲音講話，還有用的是胸腔聲音或是根本都不清楚什麼部位說話。當你講話沒有力量的時候就會覺得沒有自信，所以你一定要練習從丹田發聲音出來。這個丹田聲音怎麼練習？很多人說：我不會用丹田出聲音怎麼辦呢？大家可以做做以下練習。把你的雙手壓住小腹，然後頭低下來用垂直的聲音把嘴巴

打開大聲發出「啊~~」的聲音，不斷的每天練習，自然而然你在講話的時候就可以很順利的把丹田作為你的聲音發動機。當你的發動機能夠啟動，你的鼻音、唇齒音、捲舌音、喉嚨音以及胸腔音才會產生變化。記不記得我們剛剛在講聲音的影響力是 38%，所以很多人都沒有注意到這一塊，聲音的變化將是你影響力的最重要關鍵之一。

當你講話速度過慢、過小聲，對方聽在心裡的感受一定就是沒誠意或是一定會覺得你對事情根本不瞭解，不夠專業，沒自信所以聲音過慢過小，而後面就會打一個否定；但講話速度過快，很多人以為講話速度快代表著聰明，代表著反應快，但其實對方聽起來反會覺得你沒有耐性，而且主觀、盛氣凌人，因為別人根本沒有辦法與你做一個良好的互動。

所以我們聲音既不能過慢也不能過快，那過慢或過快我們怎麼樣來做調整呢？剛剛已經學過五種聲音的變化，就可以好好運用不同聲音變化。當你講話聲音過快

時，這個時候可以運用捲舌音來練習，試著，讓你的捲舌音改變你過快的毛病；如果你是過慢那怎麼辦呢？就要把你的音量往上提，用丹田把你的音量往上提，就會讓人感覺到你是自信，你是專業！

其實大家現在要練習很簡單，我們可以拿起手機來測試一下，常常我們手機聽到的聲音都覺得那不是我們自己的聲音，是因為我們還不夠習慣我們自己的聲音。哪來的自信？哪來的溝通能力？哪來的影響力呢？所以各位一定要熟悉你自己的聲音、愛上你的聲音才有辦法展現影響力。所以聲音的表達不只是靠嘴，還有用的是心的傳遞。所以聲音占了 38% 的影響力是非常重要！

麻煩一下讀者練習丹田發聲的方法，練習五種聲音的變化，這五種的聲音從鼻音、唇齒音、捲舌音、喉嚨音和胸腔音。


有一本書非常的有名叫《吸引力法則》，這本書很多人看過，但是只記住一句話「心想事成」，其實沒

有這麼簡單。這一本書，這個法則其實告訴我們你必須從你的自身產生一個 Attraction 吸引力，那我們怎麼讓自己會產生吸引力？必需要做到 1. Ask；2. Believe；3. Receive。

這三個代表甚麼意思呢？

第一個 Ask，也就是說你要把你的目標設定比你原來想得再高一點，再大一點。

第二個 Believe，就是你設了這麼大的一個目標，甚至有點不合理，但是你一定要相信自己會成功。

第三個 Receive，就是你要接收自己已經成功的畫面，我舉一個我自己實際發生的例子跟各位做分享。記不記得前面我曾說：當我進入中華航空公司當空服員的時候設定的目標是買一棟房子。當我實現了買這棟房子之後，我開始告訴自己要再設另外一個目標，這個目標就是我必須要離開中華航空公司才可能實現。以當時我在中華航空公司空服員的薪水，大概是年薪 80 萬到 100 萬 (* 台幣)，而我當時買完房子之後告訴自己，我想要自我

挑戰重新設定一個目標，而這個目標是「千萬年薪」(* 台幣)。

也就是說我比我的目標又高了 10 倍，這就非常符合第一個字 Ask，可是走到第二個字 Believe 你認為自己會相信嗎？旁邊的人會相信嗎？結果我告訴大家，我旁邊的人都不相信包括我的父親，他說：「你可以務實一點嗎？」當時我才 20 多歲「你已經賺到了近百萬年薪 (* 台幣)，算可以了」，可是那個時候我心裡想，我還是要去挑戰！身邊的朋友也不相信，只有兩個人相信，一個是媽媽，另一個是當時的女朋友。我現在要問讀者，你認為當時的我相不相信自己可以做到？說實在是半信半疑 ?! 白天相信晚上不相信，什麼意思呢？到了晚上常常做到惡夢沒有成功，結果又重新回到中華航空公司去上班……還好那是做夢！所以當白天醒來之後，我就又告訴我自己要相信自己。所以各位朋友，其實走到第二個字 Believe 已經是非常困難的一件事情，更何況要走向第三個字 Receive。第三個字的意思就是說你要把你自己當

成已經是賺到千萬年薪 (*台幣) 的人，這有點在自欺欺人！但其實真的是如此，剛才啟動的是自己的想像力，可是想像歸想像之後該如何做呢？我開始做了一個動作去研究千萬年薪 (*台幣) 的人長得什麼樣子？他們都做一些什麼事情？後來我體會到我必須從我的內心開始強大，所以那個時候我就開始安排很多課程不斷學習，不斷的看很多的書籍從內在去加強，再下來我就列了幾個目標 Model ——千萬年薪 (*台幣) 的人，我開始模仿他們、學習他們，所以從內在到外在，不斷的重複 Ask、Believe、Receive 不斷的三個字反反覆覆的經過了很多的煎熬，終於達成了我的夢想，我破了千萬年薪 (*台幣)！所以我要告訴各位這個吸引力法則絕對是存在的，但是吸引力法則不是告訴你光想，而是從內到外不斷的改變自己脫胎換骨，產生的所謂的吸引力才有辦法讓你做的事情，能夠更有條不紊的一步一步的去實現你的計畫、你的目標。

如果你想測試你自己有沒有吸引力？其實很簡單，

我提供各位三項測試的方法。第一項,就是跟狗去玩,看看狗對你好不好?如果狗都對你不好,我想你一定是一個不受歡迎的人;

第二項,就是保安人員。你進入大樓之後觀察看看保安人員是用什麼態度、什麼眼神看著你?如果他用一個懷疑的眼神、疑惑的看著你,我想你大概不是 VIP,你是讓他產生恐懼闖入大樓的陌生人,所以從對方眼神、對方的動作我們都能夠測試到自己。

第三項,就是小孩。其實跟小孩子相處是最容易測出一個人有沒有吸引力?舉這樣的例子:如果你有小孩在幼稚園,下午要接他放學的時候,看看其他的小朋友會不會要求你抱抱,也就是如果你很具有吸引力,很具有親和力,小朋友們一定會要求你來抱他,因為小朋友被抱著會充滿安全感、充滿著被愛的感覺!

所以我們講目標為什麼這麼重要,因為目標會監視我們,會導引我們邁向成功的路,而成功的路一定是兩

個東西組合而成：一個叫做機會，另外一個就叫挫折。

　　所謂的挫折我相信每個人都會碰到。我們看看下面的例子，有一個叫威廉‧懷拉的人當時他想去應徵做一個 Sales，應徵的主管說：你笑一個給我看。結果他馬上笑了一下，主管說：不行，回去，你根本就不會笑。他很生氣回去就開始苦練，一直笑一直笑，過了沒多久又進去應徵，主管說：你再笑一個給我看，他嘩的咧一個大嘴笑了一下，結果主管仍說：對不起你這叫皮笑肉不笑。這威廉‧懷拉又是很沮喪又是更生氣，回去還是苦練。有一天他走在他們家的門口，碰到了鄰居一位牽狗的婦女，他看到了就大肆的讚美：「哇～你們家這一隻小狗好漂亮喔！」講完這些句話以後，他的笑容自然展現出來，對方也給他很好的一個笑容，他當時非常的開心終於領會到了什麼叫從發自於內心的笑。於是他去應徵，他的主管說：你再笑一次給我看。結果威廉‧懷拉這一次的笑容被他的主管看上了，從此以後威廉‧懷拉就打造了一個無法拒絕的笑容，而他經過的挫折，我相信

是非常多的！

　　我們再來看看第二個美國的全壘打王貝比‧魯斯。他這一生打了 714 支的全壘打，可是各位都忽略、忘記他 1330 次的三振！足足是全壘打的兩倍，所以成功的背後挫折永遠是非常非常的巨大！

　　再來看看 Walt Disney。曾經破產 7 次，沒有破產 7 次是不會有今天的 Walt Disney。所以當我們想要成功請不要忘記，挫折背後帶來的機會，就是我們要掌握的最佳時機！


　　大家在使用 CPSN 的時候常常把說服當成了溝通，所以我們上一次說得很清楚，溝通若以數字來表達它是在 -20 的狀態，所以我們必須要經過溝通當 -20 進入到 0 的狀態，大家心平氣和你才能聽得進我的內容，當我能聽得進你的內容時，這個時候我們就可以進入說服，但整個過程裡面我們常常使用錯誤，為什麼會使用錯誤呢？因為我們對自己的左腦、右腦，整個使用操作都不是

那麼靈活跟正確。我們的左腦屬理性——數字、邏輯。我們在與人溝通時候，當需要用到數字邏輯，左腦就發揮作用；而右腦它是感性，它是有溫度、有想像的。所以當對方跟我們處在一個 -20 的狀態時，請不要先用太理性的方式與他進行溝通，而必須要進入到右腦的感性、想像，所以我們怎麼知道我們使用了右腦？當然是從聲音來做一個很好的區別。記不記得我們說過喉嚨音是感性的，它容易帶出畫面，它是有溫度的這才是真正使用到右腦。

大家別忘了我們面對的是 5G 跟 AI 的時代，它的邏輯、運算能力遠遠超過我們，所以我們如何使用右腦溫度、情懷、畫面，可將彼此從破裂的關係、對立的關係走到一個平衡狀態才是最重要的，所以我們整個關鍵是在使用右腦。

記不記得我們前面說過價值觀、時間線，在操作 CPSN 時候最重要的兩因素：我們從溝通進入到說服它可以一氣呵成的到了銷售到談判後，後面我們再來做討

論。也就說我們彼此從一個破裂的關係、拒絕的關係，我們可以運用價值觀、時間線進入說服完成銷售，所以我們現在必須從時間線、價值觀開始啟動對方的想像力，中間有一個很重要的因素叫「受益人」。

我們現在把價值觀、時間線跟受益人三個概念組合，來做一次銷售的示範，如何讓客戶的想像力被我們給啟動。舉這樣的一個例子做練習：

一對懷有身孕的夫妻在一部 BMW 休旅車和一部賓士房車讓他們去選選購買。假設當這一對夫妻想買 BMW 休旅車的時候，我會要求我的學生要賣賓士房車給他們；而當這對夫妻想要買賓士房車的時候，我會要求學生試試能不能賣 BMW 休旅車給他們。我們能從這樣的銷售模式找到客戶價值觀嗎？我們找價值觀的重點擺在哪裡？這個時候我們看價值觀的重點不會是在夫妻兩個人身上，而是在他的小 Baby ！因為太太懷有身孕，我們來試試看當他選擇了賓士房車的時候，我們可將時間把它給拉長，告訴這一對夫妻說：「現在這個賓士房車

對你來講非常的好，但是等你的 Baby 出生之後從 1 歲、2 歲、3 歲、4 歲、5 歲……，全家這個時候出去旅遊可能 BMW 休旅車就比較適合了！」也就是說我們運用時間線拉長到五年以後，我們就可以改變一個購買汽車的價值觀。

我們再來看，如果他選擇了 BMW 休旅車我們如何賣賓士給他們？我們可以這樣子告訴客戶：「陳先生因為你非常愛你的太太，陳太太在懷孕期間她一定會有噁心、不舒服的狀態，你一定會帶著你心愛的太太出去呼吸新鮮空氣，我想往郊外跑是最適合的，尤其到山上空氣更新鮮，可是別忽略因為 BMW 是休旅車，所以它走山路的時候可能搖晃的速度、搖晃的穩定度，將會影響到你的胎兒。」

也就是說我們運用價值觀的改變、用時間線的改變就可以改變客戶對某一件事情原有的看法；我們運用價值觀、時間線跟空間感，但是受益人改變它的價值觀也就會隨之改變。

我們再把前面例子複習一下，當穩定度、底盤比較低讓孕婦比較舒服，我們會選擇的是賓士房車；如果今天我們要全家出去玩、空間感比較大，那我們就會選擇 BMW 休旅車。也就是說我們其實運用的價值觀、時間線跟空間感再加上受益人的概念就會改變客戶的價值觀。我們再強調一遍，右腦是有溫度、有畫面、有想像的。

我再說一個故事分享給大家。有一位汽車銷售頂尖的高手 Top Sales，他的銷售業績非常好。有一位爺爺已經跟他談得非常非常的愉快，幾乎已經要簽約了，這位爺爺這個時候跟這位銷售人員說：「我講個故事給你聽，我這一部車子想買給我的孫子。」於是他分享許多他孫子多麼多麼優秀的故事給業務員聽，在過程中這位銷售人員他的眼睛雖然看著爺爺，但是並沒有把心拿出來，被對方的爺爺給看出來了，我們這位銷售人員並沒有進入爺爺故事的畫面、狀態、心情完全是有聽沒進去，有

聽沒有感受……於是這位爺爺就沒有跟我們這一位 Top Sales 簽約。這位 Top Sales 覺得很苦惱，經過一個禮拜後鼓起勇氣再去找這位爺爺請問為什麼不跟他買這部汽車。爺爺說：「因為我很想跟你分享我開心的事情，但是你卻沒有真正的在傾聽！」……

我們真的非常非常需要啟動我們的右腦，不僅如此我們還要啟動對方的右腦，雙方都能夠在一個溫度、畫面、情懷、想像中進行互動。一個最好的溝通、說服到銷售的一個流程，我們在 CPSN 的操作你不會用右腦就很難完成，但你不會用左腦同樣的也很難完成。在 20 多年培訓期間，我常常聽到很多的學生跟我說：老師啊！為什麼我講的話別人聽不懂？大家千萬不要笑，我們想讓對方聽得懂我們的話，最重要的一個關鍵就是「他記得住你講的什麼」。其實我們的對話是在跟一個人的記憶庫在溝通，也就是我們如何把我們想要表達出來的語言、方向輸入到他的記憶庫裡面他才能記得住。他記住以後，才能消化，才能理解，最後他知道你到底表達

的是什麼意思。所以當我們在講話時，對方有時候未必能夠完全理解我們，但為什麼過了一段時間之後他覺得你說得有道理喔！所以就是我們如何充份的發揮人的記憶功能，將是理解很重要的一個關鍵。

我們怎麼讓對方能夠記得住我們所表達的語言？我把它分為四個步驟。

**第一個步驟表達是時間。**也就是你在講任何一件事情，請一定要把你的時間交代得很清楚，因為你沒有講精準的時間數字，在對方的記憶中很快就會消失記憶。你跟他講很多年前，過了幾天以後什麼叫做很多年前他已記不住。但若你跟方講 2001 年有明確的數子，他就記住了 2001 年或是你講 2008 年他就會記住了，譬如我們說上一次的金融風暴是 2008 年，我們的記憶庫很容易把它搜索出來，到底發生了什麼事情，所以在表達溝通中時間是一個非常重要的記憶元素。

**第二個步驟表達就是地點。**我覺得這個地方很好玩耶！我曾經去過一個地方很好玩耶！沒有人聽得懂、記

得住任何你釋放的訊息！這個地方到底在哪？各位我們常常會忽略把地點交代得很清楚，「啊～我上次旅行，非常好玩」所以我們必須要把地點交代得很清楚，在哪裡？要把城市的名稱說清楚。

**第三個步驟表達就是人物。**這個人物的意思就是你整個故事它有哪幾個人參與？要把他講得很清楚，你是跟朋友？跟同學？跟家人？對於對方來講他的重要性跟價值觀的排列組合都不一樣，因為他會覺得跟家人一定是屬於親情的，跟同學的是屬於友情的……我跟20位男性朋友一起去哪裡玩，各位！他的想像、記憶是會把它自動編列！所以我們要把人物也交代得很清楚。

**第四個步驟表達就是顏色。**顏色也是很重要，因為顏色除了實際場景顏色，另一個抽象的叫心情。我和誰去，當時我的心情是什麼樣？要把它講清楚。或是我那一天穿的是什麼樣的顏色衣服去的，這個故事發生是在什麼樣的一個氛圍，那氣氛也是一種顏色代表你的心情！

我們在與對方溝通的時候，需要把時間、地點、人物、顏色做一個很明確的交代，我們才能順利促使對方的記憶庫能夠接收我們在表達的資訊。我來說一個我的記憶給大家聽聽：

　　在 2010 年我們全家去美國邁阿密參加遊輪旅遊，有一張照片當時左邊是我的女兒中學畢業，右邊是我的兒子，當時高中畢業，中間是我太太。我們總共四個人為了慶祝兒女畢業後所安排參加 Cruise 海上郵輪的一次旅遊。這是我人生最重要的一張照片，也是最美好的一次旅遊。因此當故事說完，我相信大家應該可以記得很清楚吧！我把時間、地點、人物跟我的心情都交代清楚了，其實我們需要把一件事情講得很清楚，那是使用我們的左腦，所以左腦會啟動我們的數字、邏輯的概念，所以 CPSN 的能力要把它發揮出很好的效果，我們一定要用左腦邏輯、數字以及右腦的溫度、情懷、畫面，兩個結合一起同時啟動，這樣子我們才能夠讓任何人都聽得非常清楚、記得非常牢固，我們的溝通表達才能達到

效果，我們才能夠從溝通、說服到銷售到最後的談判，順利進行這四個步驟。

我們要讓對方能夠很清楚接收我們所傳遞的訊息是什麼，所以一定要讓對方記住我們傳遞的訊息，這才是一個真正溝通的開始。我們的語言、想法要輸入到對方的記憶庫，是一件非常非常重要的事情。

我們後面還會再教讀者，如何把更深層的記憶喚醒起來，處理反對問題。麻煩各位讀者按照剛剛的時間、地點、人物、顏色四個步驟，寫下你自己的一個故事然後找同事說給對方聽，接著就是要讓對方能重複你的故事，記住喔！如果對方不能夠重複你的故事這是你的問題！因為你沒有交代清楚訊息，對方的記憶庫沒有辦法記住，就是我們講話對方聽不清楚、聽不懂，問題不在對方而是在於我們自己的表達能力。我再強調一遍，當對方聽不懂你講的事情的時候，我們一定要修正調整過去的想法，不要總怪對方很笨聽不懂自己所講的事情，反而回頭去檢查自己的左右腦表達是否需要再提升！日

後我們與人互動、跨部門之間的溝通才能夠進行順暢，順利達成效果。

在討論價值觀的時候，我們怎麼找到對方的價值觀？記得價值觀的定義是什麼？

**為一件事情付出大量的行為，是時間或是金錢，單數變複數。**

我們從下面的一個小小的測驗，可以幫助我們找出你的複數是誰？假設你有一億的新臺幣，這個時候你會去做什麼呢？我想我們有 1、2、3、4、5 的事情想做，麻煩這個時候拿出你的筆把它們一一寫下來。譬如回答：1. 我要買房子，需要花多少錢？2. 去旅遊，需花多少錢？3. 捐獻，要捐多少錢？……當我們把一億用完歸零之後，我們看看花最多錢的是在哪一個項目上？而這個項目的背後誰是最大的受益人，從這樣的一個金錢分配上我們可以找到對方心愛的人，也就是他為何而戰，為自己最愛的人而戰這個價值觀。

# CPSN 價值觀與孫子兵法、老子策略藝術

　　在 CPSN 我們一直強調價值觀，為什麼價值觀這麼重要？我們來看看《孫子兵法》怎麼告訴我們，《孫子兵法》說「知彼知己，百戰不殆」各位千萬別說成「知己知彼，百戰百勝」。因為《孫子兵法》從沒這麼說這二句！「不知彼而知己，一勝一負」，「不知彼，不知己，每戰必殆」，而這一篇要告訴我們的意思就是當我們要跟對方開始做溝通、說服、銷售到談判，最重要的是我們先要「知彼」，瞭解對方。那這個「知彼」指的彼，指的是我們要去瞭解對方，我們要瞭解對方的價值觀，當我們知道對方的價值觀後，我們才知道自己應該用什麼樣的策略、什麼樣的方法與他進行溝通、說服。所以，知彼知己之後百戰不殆的意思，就是當我們先瞭解對方的價值觀，再進行互動，這樣一百次的模式進行，你的失敗機率將是很低的。

「不知彼而知己，一勝一負」，當我們並不瞭解對方的價值觀只是用我們的所謂的專業去說服他，與他溝通也許能一勝一負，50% 的或然率。

　第三句「不知彼，不知己，每戰必殆」，我也不瞭解對方在想什麼，也不知道我的專業是在什麼？反正就是碰碰運氣吧！各位它講的是「每戰必殆」不是每戰必敗，也就是我們常常講「瞎貓碰到死老鼠」可能偶有成功的機會，但那是很渺茫，所以要把《孫子兵法》精準熟練的運用。

　為什麼找到價值觀之後就能夠掌握對方？再複習一遍，所謂價值觀就是為了一件事情付出了大量的行為，是時間或是金錢，單數變複數。我們從統計學裡面可以觀察到，在他已經付出的行為之中就可預測他下一步的行為，所以要跟對方溝通、說服、銷售、談判，我們一定要知道對方的思考模式，我們就能預測對方下一個行為軌跡，才能夠準備充分與他進行最完美的成交。我們前面討論過記憶庫、行為、單數變複數，這個看起來是

一個很複雜的公式，但事實上他並不複雜，只要透過練習，不斷地瞭解自己，我們就能啟動對方。

我們現在來練習一下，先說明一下你做的某一個動作，就會產生一個不同的結果，這個不同的結果，你的受益人會是誰？舉一個例子，你每天開始唱歌一個小時，你的心情會變怎麼樣？如果你唱得好你的心情自然會變好，因為你每天都練習唱歌，你的心情變得很好，誰將是最大的受益人？我想如果你已結婚了，那麼第一個應該是你的太太或是先生，如果你有小孩連帶著你的小孩也會是受益人。我們再把小孩跟先生都受益，再往下延伸會產生一個什麼樣的狀況？可能你的先生因為有很好的心情，他去公司上班讓他的工作效率特別的好，因為效率好結果你先生薪水變高。

我們再來看小孩，因為你的心情很好，所以你與孩子溝通上特別的有耐心，你的小孩也特別喜歡你，他的心情就特別安定而他學習效果也就開始往上提升，學校考試也考得很好……所以不要忘記一件事情，你的一個

唱歌動作改變你的行為，改變你的心情直接受益是先生跟小孩，反過來受益人也是你啊！一個動作受益從單數很可能就變成複數的結果。

我們反過來試試看，你每天都在罵你的先生、罵小孩，我們來看看因為你這個行為是罵人，心情不好你的先生心情也不好，結果他到了辦公室以後工作效率一塌糊塗！你的小孩考試又考得一團糟！我們現在開始要做一個行為的監測，跟習慣性的動作，做任何一個動作我們都要想到「單數會變複數」，這就是所以前面我們一直在強調，你的目標設定一定要先想到的是複數概念。因為當你想到複數的概念，你執行的動作，執行的毅力，克服挫折的能力將會大幅的往上提升，所以「單數變複數」在 CPSN 能力演化過程是一個非常非常重要的一個概念。

麻煩讀者現在來做個單數變複數的練習，寫上你做了一個什麼動作結果會是產生一個什麼樣的行為？什麼心情？而受益人也請寫上去 1、2、3 會是誰？讓自己去

感受一下單數變複數的力量。同事之間也彼此互相的提醒，你的情緒、行為會直接讓我們受益或是受害喔！要互相的提醒，單數變複數！


複數變多數這個原理出自於《老子》，《老子》的第四十二章講過「道生一，一生二，二生三，三生萬物」這句話到底什麼意思呢？

我們不能夠先從道生一，一生二，二生三，三生萬物這樣來解釋，這樣的話你很難去明白，我們要倒過來解釋就可以明白。

萬物是被三生出來，三是被二生出來，二是被一生出來，一是被道生出來。

我們一個一個把它解開，也就是說萬物是被「三」生出來的，「三」代表的是什麼意思呢？很多人立刻會講空氣、陽光、水或天、地、人，我覺得都對，它最重要要告訴我們「陽光、空氣、水」，「天、地、人」不論你把任何一件事情舉出三個力量的時候，它必須達到

一個均衡，當均衡的時候萬物皆長。也就說陽光太強會造成旱災，雨水太大會造成水災，它必須在一個平衡的狀態，所以「三」指的是一個平衡的狀態，萬物皆長。

我們再來看看三被二生出來，「二」是代表什麼意思呢？「二」是代表著陰、陽，也就是說不論任何一件事情它一定是陰跟陽同時並存的。當你很快樂、你很高興中國有句話講「樂極生悲」就提醒我們；當你在低潮，你很悲傷的時候，中國也有另一句話「否極泰來」、「柳暗花明」；就是說當我們在最高峰或是在最低點不要心灰意冷也不要太高興，因為它後面一定會產生一些變化，而這些變化就是危機中的轉機，勝者必衰的道理。

接著我們再來看看二是被一生出來，「一」是什麼東西呢？「一」就是我們老祖宗最高智慧——太極圖。「陰中有陽，陽中有陰」，就是我們的太極圖。

太極圖一又是被道生出來，道又代表什麼意思呢？「道」代表著我們常常在講「成功之道」、「生存之道

」，它一定有一個哲學概念！我們怎麼去把這個「道」很清楚的找到，其實它存在的是一些大自然的現象。譬如說我們到森林，看到一大片樹林，常常想是否有人為它施肥，順其自然雨水多的地方就產生了亞馬遜的森林；當它很乾旱就產生沙漠，可是你不要看森林跟沙漠各有不同的生物跟植物能夠生存，所以我們在經營人際關係，在經營公司的時候不能夠忽略掉人性的本質。

前面我們說過每一個人的價值觀都有可能不同，不但個人的價值觀我們還有世代的價值觀，前面我們說過有 Baby boomer、有 X 世代、有 Y 世代、有 Z 世代，他們的價值觀都是不一樣的。我們如何能夠掌握到一個很清晰發展的軌跡？一定是順著這個價值也就是「道」這個普世的價值，我們再來看看下面的文字。

萬物負陰而抱陽，沖氣以為和。人之所惡唯孤寡不谷，而王公以為稱。故物或損之而益，或益之而損。人之所教，我亦教之，強梁者不得其死，吾將以為教父。

其實這個長篇在我們運用 CPSN 的時候要特別注意，尤其是最後一句「強梁者不得其死，吾將以為教父」，就是告訴你人跟人之間先要進行溝通才能夠進行到說服，不要一開始就去說服別人，當你和對方都還沒有溝通，沒有達到一個共識的情況之下就去說服對方，就會是「強梁者不得其死，吾將以為教父」這個是非常非常的重要。

我們再看上面「三生萬物」，後面要講到談判的時候「三生萬物」。記不記得我們談判一定是與對方「二」的概念，所以我們要運用《老子》的這一篇「三生萬物」。別忘記，我們還會有第三方的力量！也就是說我們跟對方談得很困難的情況之下，如何引用第三方力量就能做到平衡，當你與對方不能平衡的情況之下，我們可以請出第三方的力量，我們做任何事情一定要想到任何問題一定有三個以上的解決問題的方法。《老子》這一篇給了我們很多的啟發，所以我們在運用 CPSN 的時候就能夠得到《老子》的智慧幫助我們運用得更順暢。

記得我們前面說過時間線的概念，過去、現在、未來，我們之所以會反對很多的問題、反對很多的想法，大部分都是停留在過去的經驗，所以我們現在開始要進入更深層的記憶庫我們把它稱之為「潛意識」。當我們能夠進入對方的潛意識，我們就能夠輕易使用 CPSN 與對方進行溝通、說服、銷售跟談判。

　　90% 我們的潛意識的力量，都還沒有被發揮出來；所以我們如何能夠讓自己的潛意識發揮到更大的力量，現在來認識一下潛意識的整個構造、整個結構。有個「冰山理論」，看看它的潛意識的構造：

　　在海面上面的冰山我們把它稱為「Conscious mind」表意識，到了海面以下的時候我們把它叫做「Subconscious mind」，什麼意思呢？「Subconscious mind」就是說我們是有意識的，但是它還不能完全把我們所有的意識表達出來，所以用比較精準的字來講可能叫做「半夢半醒」、「半知半覺」，它還沒有完全覺醒。再往下面較深層的意識叫做「Unconscious mind」，它到冰山的

更底層的部分，我們把它稱之為完全沒有覺醒的一種心智力量，也就是說我們其實大部份都是在用表意識的力量在與人互動，在與人進行所謂的交流。我們怎麼能夠把它潛意識的力量給激發出？只要我們能夠把自己的價值觀很明確的找到，再把自己的價值觀由單數變成複數，我們就能夠啟動我們的「Unconscious mind」就是我們潛在最下面的那個冰山的力量激發出來。

所以我們一直強調單數跟複數的概念，所有偉大的人不論是發明或是任何的行為，他們想到的都是為其他的人、為全人類而努力付出。Unconscious mind 這看不見的力量，我們如何把它激發出來？

我們要把我們最深的潛意識 Subconscious Mind 的力量給激發出來，要經過四個步驟：

第一個步驟就是「Second Nature」，也就是剛開始我們非常的不自然，我們想激發我們的潛能，做了一個新的行為的時候它會非常非常的不自然；

然後它才會進入到第二階段叫「First Nature」，它

開始慢慢的自然，當你慢慢自然時候，你不知不覺的就養成了一個新的習慣，所有的練習只要經過一萬次，你就會成為行業的專家。所以打造一個新習慣也是一樣的，你要不斷不斷地重複的練習。讀者不要把你的心思都放在自己的缺點上，記住只要養成一個新的、好的習慣，它將取代舊有的缺點，因此我們無需太強調自己的缺點，「我一直想把它改掉一直想把它改掉」，不要把焦點放在缺點而是把焦點放在重新培養一個新的、好的習慣，當這個習慣產生之後呢就不知不覺的會變成第四步驟叫做「Habitual Thinking」。

「Habitual Thinking」，它會很自然的一個反射的動作。記得當時我在學習高爾夫球揮桿動作，教練教我：「你的動作只能做到 45 度」，我說「ok 沒問題！」。結果沒有想到教練說：「你已經超過 45 度，已經到了 90 度」，我當時說：「怎麼可能 ?!」，後來教練把 Video 調出來給我看，才瞭解到「哇！原來人是一種慣性」，就是要不斷的不斷修正，把你的慣性做一些調整，因為當我們沒

有自覺性、沒有監控性的系統的時候，就不知不覺的把你的反應把你的動作又做回「舊的習慣」。

請問讀者，碰到問題的時候你如何解決？你還是用舊的思維、舊的習慣？你不但沒有辦法解決問題更無法去創造更新的東西！所以我們只有建立新的思維、新的習慣才能夠改變我們的人生，要激發我們最大的潛能把 Subconscious mind 給啟動之後還有一個動作要做，這個動作有三個步驟。

第一個步驟就是 Store House of Memory

就是要把你的記憶庫開始增加裡面的容量，那加什麼東西呢？加 Great Memory！把你最美好的記憶、最快樂的記憶、最快樂的畫面給加進去，我們需要一些 Mental Picture。我覺得 Mental Picture 比較偏向於大自然，我所放的 Mental Picture 是在美國洛杉磯我很喜歡的高爾夫球場的一張照片，高爾夫球場因為角度的關係，從高爾夫球場邊緣綠色的線看到對面是大海，所以

會讓人感覺到海天一色很舒服。每次當我有碰到一些煩惱事情或是挫折的事情時，我想放鬆自己就會從我的記憶庫把這一張照片給調出來，當我想到這一張照片的時候，整個人心情會放鬆，我的肌肉會放鬆……這是我的 Mental Picture，當我碰到重大挫折、重大難關的時候這張照片就能夠啟發我、激勵我！

也就是說我們人需要的是豐富你的記憶庫，在記憶庫裡面所放的東西都是一些你覺得美好的記憶、美好的畫面，這些東西都會在你最低潮的時候激發你的動力，繼續往前走邁向你的目標。

我們今天為什麼要跟各位談這一塊，因為後面我們講到談判時候，我們除了在講價格、紅海市場的概念以外，其實我們要進入一個藍海市場。這個藍海是什麼？就是一個進入對方的記憶庫找到他，對他最重要的一張 Picture 最有價值觀的一個記憶，當我們找到最重要的價值觀、最重要的那一張 Picture，我們就可以跟對方順利進行互動。

# Streaming Power

# 橫向戰力

**part 3**

# HQ 五大能力：透視力 / 導引力 / 想像力 / 魅力 / 影響力

我們要讓 CPSN 的能力往上再提升一級，下面我們要學的是 HQ。

HQ 兩個字代表的意思是 Human Quotient，也就是你在人與人互動之間，你對對方認識的程度的一個商數。我把 HQ 分成五大能力，這五大能力就是透視力、導引力、想像力、魅力、影響力。

我的學生在學習 HQ 的時候總會問我一個問題：「老師，為什麼魅力不是在排行第一呢？」我們必須要有一個新的想法，我們在與人溝通、說服、銷售、談判，不是完全是以個人魅力，所謂表面的漂亮、帥來作為主導，即使是這樣子客戶與你的溝通，與你的銷售，與你的成交大概是短暫，換句話說我們今天要把客戶放在第一順位。

什麼叫做客戶放在第一順位？我們要做透視，因為只有我們找到客戶的價值觀，找到他未來想要的一個畫面，我們才有辦法運用到第二個能力——導引能力；導引能力就是我們找到了客戶想要的、找到客戶的價值觀之後就要順著客戶的價值觀往下導引，往下導引什麼呢？第三個能力就是想像力，因為我們要啟動客戶對他未來在三年、五年以後的一個美好的畫面出現。所有的人在購買商品，或是想要跟你達成合作之前，他總是會去想他擁有這一項東西之後會變成一個什麼樣的畫面？但是有的人不會想，有的人不敢想。所以這個時候我們要啟動對方的想像力，而且是很清楚的畫面出現，這個畫面絕對不會是單數，它是複數的！它可能是與小孩的一個親子畫面，它也可能是與朋友的一個友誼的畫面，或是與父母的一種家庭的畫面……所以要這樣啟動對方的想像力。

　　我們到了第四順位魅力，這個時候才是要展現你的魅力。還記得前面我們說過的魅力是由內而外，這個時

候我們要展現的是 HBD。我們再複習一下：H 代表著 Happy，健康快樂／Beauty 代表著善良的／Dollar 財富，所以我們一切所有的交易、成交都是為了幫客戶找到一個他最美好的未來，是快樂、健康、善良的一個畫面，此時他才會與你做一個所謂的交易跟成交的動作。所以當這四項的能力你都能夠具備之後，才會到第五項的影響力。

HQ 它分成五大能力：透視力／導引力／想像力／魅力以及影響力，我們等一下就要從透視能力開始再往下學習。

我們看到客戶給了我們什麼樣的訊號？是願意讓我們往下導引，或是他的訊號出現不願意讓我導引。我們都要懂得做一個適時的調整，下面我們來學習肢體語言。其實肢體語言會透露某種的訊號，我們要觀察對方的肢體動作去解讀這些肢體訊號來明白他的內心在想什麼，進而我們就要開始預估他可能的下一個動作會做出什麼樣的行為。

心理學與行為學，首先我們先從行為學去瞭解他內心在想什麼？下一步我們就可以預測他的行為，會往哪個方向發展。我們在觀察肢體動作的第一個要觀察的是對方的下巴，當講話的時候把下巴抬得非常高，下巴仰角超過 10 度以上就會讓人覺得非常的不舒服，趾高氣揚的感覺。所以平時我們說話時要特別注意自己下巴的仰角。但是請注意，我們講話時下巴往下低會讓對方收到到兩個訊號：一不自信，二是鄙視——「我不想跟你談了」，所以我們下巴的角度，會影響到我們眼神的角度，過高會讓人家覺得很不屑，過低會讓人家覺得很沒自信或是你在鄙視我！學習如何要去控制好下巴角度，是非常重要的！同時講話時身體晃動也是一個不好的訊號，要避免晃動。

第二個我們來看看握手：

在握手時，對方是一位女性朋友要禮貌性輕輕握手，男性朋友注意不要用力過度握著對方女士的手或久握不放。同時也要特別提醒，除了長者外，男士不要先伸

出手去握女士，我們一定要尊重女性，在女士沒有伸出手時我們男士千萬不要太著急！避免將這個不好的訊號傳遞出去。

我們剛剛從下巴的仰角、抬頭跟所謂的手部的動作都可以掌握到很多的肢體動作的訊號；我們再來看看坐姿的仰角，我們要觀察的是背肌脊椎的仰角是前傾或是後仰。從脊椎變化角度，我們可以得到很清楚肢體訊號。所以呢我們現在要從他的背肌角度來做一個研究。

把腳翹起來這個翹腳肢體動作都散發著一種挑戰。

男性朋友在講話的時候若是女性朋友用手撐著下巴傾聽，這透露著她很欣賞對方，崇拜對方的訊號！在與對方溝通的過程中，托下巴傾聽對說話者來講是一個良好的訊號釋放，會讓說者滔滔不絕說得更多。所以很多的肢體訊號我們都能夠大膽的去研判它可能的想法，但也並非是 100% 正確，這就是說我們在與別人互動時要透視對方首先一定是從他的肢體動作來收集資訊。

下面再來多瞭解下 Eye contact。也就是我們眼神接

觸所釋放的訊號，讀者要特別去觀察一下眼球的黑、白部分所表現的訊號。標準的「怒」，白眼球的部分會大於黑眼球的部分，就是我們常常講的「翻白眼」，就是所謂的「怒」。我們看一看所謂的「哀」，「哀」的眼神基本上它都是收縮的一副很無奈的樣子，想「怎麼會這樣子呢？」；再看看「眉飛色舞」，整個是「樂」，人進入那樣的一個狀態非常非常的開心，從肢體動作、從眼神全部就散發出來了。

在談判桌上如果你是他的對手，我想你應該心裡很高興，他們大概沒戲了。

他們互相的眼神就是告訴對方說大概慘了！大概完蛋了！所以這個談判他們已經完全沒有辦法達到他們想要的，我們再看看下面這一個就完全不一樣。如果你的團隊是這樣的一個表情出現，互遞的是這樣一個眼神。所以肢體動作我們要下一點功夫好好的去研究，從行為學看透對方的心裡想法，再去預測他下一個行為會做什麼？讓我們有一個充份完整的準備，在我們的 CPSN 運

用上將會是無往不利的！

　　我們剛剛討論過 Eye contact 眼神，我們再來看看笑容這個部分。笑的時候把牙齒露出來了是會比較吸引人，可是臉部的肌肉要放鬆，如果臉部的肌肉沒有放鬆，就沒有辦法吸引著別人跟你一起笑。你為什麼會跟對方一起的想笑？是會心的微笑！很開心的笑！而此時眼神、肌肉、牙齒，這三個部分充份展現了「笑」的模式，所以「笑」是最迷人的、最吸引人的！在 CPSN 裡面笑容將是很重要的一環，大家要好好的多多練習喔！

　　請各位開始練習你在跟對方講話時候你下巴的仰角練習，不要超過 20 度保持在 10 度以內，展現的是自信20 度就是所謂的驕傲，所以我們不要超過 20 度。

　　再下來就是練習握手。我們一定要記住當你與客戶見面時候，他是用十分熱情來與你握手，可是當你離開的時候手的力度改變，他跟你握手大概只用了三分到五分的力量，跟你握手從十分熱情的握手轉換到三分、五分的力道的握手，那麼我想今天你跟他的互動將是一個

不良訊號的釋放！

　　最後，我們來作一下笑容的練習。

　　笑容的練習，各位一定要掌握到把臉部肌肉放鬆，露出你的牙齒 OK，所以我們好好的練習我們自己迷人的笑，讓人很喜歡的肢體動作。我們都說眼睛是靈魂之窗，眼睛會說話是對的，因為我們所有內心的想法都會透過我們眼球轉動而告訴對方一個訊號，我們要很清楚的去掌握對方，從眼球釋放的每一個訊號我們要去接收、要去研判，如果能夠正確的研判，那幫助我們在使用 CPSN 尤其在最後兩個銷售與談判將大有好處！

　　這是在使用 NLP 神經語言學，這是一個學理研究，它不是百分之百的正確，它的準確度只有 85%，提醒大家要記住一個原則，這較適合慣用右手之人，而不是用左手的人；如果看到對方使用左手，這套法則將不管用，它較適用的是右手。

　　神經語言學是非常的容易使用，但是大家絕對要精準的掌握它的大原則，它所謂的從眼球釋放訊號並不複

雜，是以我們看到對方而不是以我自己為主。當他的眼球往右邊轉、往左邊轉、往上、往下或直視只有這幾個方向，也就說當他在講一句話的時候，對方眼球往右邊走的時候，這個我們通常把它稱之為「虛擬」，也就是還不存在的一個事實，是他可能在建構的所以他有可能在編一個謊話給你聽；當眼球往左邊轉，再重複一遍「眼球是以對方的左邊或右邊為主而不是以我們自己的右邊跟左邊為主」。所以當對方在講一句話的時候，他的眼球往左邊走的時候，代表著這一件事情是存在他的記憶庫。所以就是說他眼球往右邊走是不存在的，往左邊走是存在的。但是往左邊走他記不太清楚，所以我們把它叫「回憶的搜索」，往右邊走我們把它叫「建構」，他的眼睛直直的看著你那當然就是肯定了，如果他往下看代表著自信度不夠，我們可以懷疑他這件事情真實度可能需要再討論，如果眼球往上那代表著他已經很不耐煩了，大家有沒有注意到天使的眼球是往上？還是往下？往左？還是往右？小天使在禱告的時候祂的眼球一定

是往右上角這代表什麼意思呢？代表著祂在建構、祂在想像、在啟動著未來⋯⋯所以我們不能一概而論說他眼球往右邊走就是虛假，我們要根據他所謂的問題、事情來做一個更正確的判斷。

如果大家有注意到神佛的眼神，我們中國的神佛的眼神，基本上祂都不是全開，而且都是開三分到五分，祂的角度是往下。我問過木雕師，他說這叫「悲天憫人」。眼球的轉動會把訊號透露給我們，但是我們必須根據事情來做判斷，舉個例子來講，女生問男生：「我是你唯一的女朋友嗎？」如果這個時候他的眼球往了右邊走，我想他嘴巴說出來「是」，可能已經告訴你答案是相反了；可以問你的小孩：「你今天上課認不認真啊？」同樣的我們就能夠判斷得出來，為什麼？因為你問的這一件事情屬於過去式，如果要搜索過去式他的眼球應該往左邊走，如果他的答案是肯定他連左邊走也不轉右邊走也不轉，會直接的眼神直看著你告訴你：「你就是我的第一個女朋友」，「媽媽我今天上課就是很認真」。

但是我們不能完全用所謂的眼球往右就判斷是虛擬就是說假話，走到左邊就是搜索回憶，所以有時候要根據問題來做一個研判。我們在使用 CPSN 與客戶在做銷售、談判大部分時我們都把它導向未來，所以這個眼神的運用將是非常重要。因為未來都還沒有發生，所以我們儘量要把我們的眼球習慣性的往右邊走，因為往右邊走對方看到我們的眼神往右邊走的時候，他會有一種喜樂的感覺；如果你一直把它往左邊走，他會變成一種比較沉重的感覺；所以在運用 NLP 神經語言學這一塊的時候，我們如何大量的使用眼球正確的訊號給對方，將是讓你的 CPSN 達到最佳效果的途徑。

在使用 CPSN 這個能力的時候，另外還有一個很重要的技巧叫 Pacing & Leading。就是先呼應對方，取得信任感之然後再帶領對方到一個新的方向去，這個帶領他到新的方向之前我們要做的動作就稱之為「Pacing」，也就是我們要呼應對方與對方建立一個親和感，要建立親和感有兩種模式：一種是用口頭，用言語與他內心的

想法達成一種呼應以及共識；另一種模式就是模仿他的肢體動作。講到模仿肢體動作在談判桌上非常有用，從心理學來講我們人是排斥對方模仿我們的，但是再往下走到更內心深處，我們卻又喜歡對方模仿我們。所以也就是說在模仿對方的肢體動作的時候，要特別的小心第一次，第二次，第三次讓他不知不覺的達到了一種所謂的好像讓對方看到自己的感覺，那才叫做模仿，當他有覺得看到自己的時候你這個模仿就成功了！

就是說當我們能夠以口語＋肢體動作都能夠與他打成一種認同感、親和感之後我們就可以化被動為主動，自己再開展一個新的話題帶領對方到新的一個方向去。而你要把他帶到新的方向的時候，同時你要注意你可以改變肢體動作，看他能不能與你做一樣的動作？也就是導引對方來模仿你的動作，再強調一遍，開始是我們模仿對方的口語，我們模仿對方的肢體動作，而當親和感建立之後我們可以化被動為主動，導引對方來模仿我們的肢體動作，所以我們可以改變我們的肢體動作試看看

對方會不會被我們所導引。如果這個訊號出現，那將是一個非常好的訊號！就可以很輕鬆把對方帶到一個新的話題、新的想法去，所以口語及肢體上面的模仿將會是在談判桌上非常重要的一個技巧。

## 智慧之門：鬼谷子談判哲學

戰國時期有兩位非常有名的人叫蘇秦、張儀，他們的縱橫術讓他們創造這一生非凡的成就。而他們的縱橫術就是向他們的老師鬼谷子學習的。鬼谷子在教我們語言使用上有五種語言，這五種語言如果你能很恰當的使用它在談判上將會無往不利！

這五種語言是：1 佞言 2 諛言 3 平言 4 戚言 5 靜言

**佞言**，佞這個字就是巧妙的意思；**諛言**的諛就代表著奉承；**平言**的平就是代表著我們講話很直接了當能夠

聽得很清楚；**戚言**就是很帶有感情的話；**靜言**就是比較綜觀全域，有策略的話。也就是說這五種語言混合使用在用對了時機、用對了人，將會幫助我們在談判上無往不利。

鬼谷子又將我們人分成了九種人，也就是你面對不同的人要用不同的語言，用不同的方式，才能夠讓我們的語言與對方做到良好的互動和溝通。

這九種人是哪九種人？

**第一種人是智者**。與智慧很高的人我們要怎麼談？「依於博」反而我們要跟他談得很廣泛，天南地北都要跟他談；

**第二種人是博者**。我們遇到了博者要怎麼談？你要敢於與他「辯論」；

**第三種人是辯者**。遇到很會辯論的人，你要怎麼與他談？你要「依於要」，意思就是要把重點很清楚的講出來，也就是碰到很會辯論的人不要害怕反而要把重點講得很清楚；

**第四種人是貴者**。與貴者及非常有權貴的人你要與他怎麼談？「依於勢」，這個「勢」指的就是當他已經有權利反而這個時候你要跟他分析的是國際局勢也就是宏觀的人才能夠吸引他；

　　**第五種人是富者**。你碰到非常有錢的人與富者，要怎麼跟他談？「依於高」，這個時候你要展現的是你的品格很高而不屈服於他的財富之下；

　　**第六種人是貧者**。遇到貧者或碰到比較匱乏的人反而要跟他談「利」，這個時候比較吸引他；

　　**第七種人是賤者**。這裡所謂的賤，指的是稍微比較低下的人，這時我們反而要「依於謙」，要用謙卑的態度與所謂職位比較低的人來做溝通；

　　**第八種人是勇者**。與勇者怎麼溝通呢？依於「敢」，反而這個時候你要展現的是你的魄力、你的勇氣不會輸給他；

　　**第九種人是過者**。與有過失的人在溝通的時候，我們的氣勢跟銳利是很重要的，因為他們的內心是比較脆

弱，所以這個時候我們要在言辭上保持一定的氣勢才有辦法幫他做一個更好的導正方向與溝通。

所以鬼谷子幫我們把人分成九種人，語言用五種語言。就是要我們如何的精準掌握，因為不同的人而用不同的語言，用不同的想法，不同的思維與他人互動、溝通，再加上我們前面所學的 Pacing & Leading，也就是說我們先要呼應對方，再能夠導引對方，所以在進行任何一個談判時候都不要著急，要沉住氣仔細觀察。

我們在進行溝通談判的時候，最大的敵人是我們自己的情緒 Emotional，當你情緒化後已經註定你是一個失敗的收場！所以怎麼去克服你的情緒？我們先要注意到談判的時候有幾個大忌不要犯：

一，你聲音的音量不要輕易的改變

二，你呼吸的節奏不要忽高忽低

三，你肢體動作不要改變太大的幅度

也就是說我們如果要激怒對方也是由這三個部分來判斷。

我們前面說過用眼神、用眼球來判斷對方，但是當你碰到真正高手可能因為他也學過 NLP 神經語言學，對方可能會給你一些假的訊號，甚至是反的訊號！

像希臘的船王——歐納西斯，他常常在談判的時候帶著墨鏡，你將無法看到他的眼球，所以我們除了眼球、肢體動作、音量外，最重要最重要的一個觀察放在呼吸的節奏。真正的一位高手在談判的時候最微細的是呼吸的節奏，當他的呼吸節奏改變，很簡單他的情緒改變了！所以我建議大家常要多練靜坐，當你碰到情緒不穩定時，你可以立刻把你的呼吸節奏調到一個最均勻、最穩定的狀態，將有助於你在談判桌上保持最好的一個狀態。

如果你察覺自己的情緒真的改變了，下面三個方法供你做一個調整：

第一，趕快做深呼吸，站起來做深呼吸會比坐著深

呼吸來得好；

第二，這是很重要的尤其是越親密的人、越瞭解的人，你不自覺的會把聲音拉高，所以這個時候只有把你的音量降低，你的思路自然會清晰；

如果這兩個動作都做你仍然沒有辦法把情緒放在最好的位置，建議採取——

第三，離開現場。只有離開現場之後你的頭腦才會清晰，思路才會比較清楚可以重新再整理，如果你的情緒始終控制得不好，我想你要改變策略防止這個談判破裂。

下面有兩個方法提供你參考：

第一個方法就是 Make Emotional Payments

其實在談判只有兩張牌，第一張牌叫理性牌第二張牌叫做感性牌。也就是你的理性牌用得不好要趕快改用感性牌動之以情，這就是我們前面講的我們要找到對方的Value，找到他的價值觀，談他的價值觀並建構未來畫出一個美好的畫面。

如果這個方法仍然讓你沒有奏效，建議你可能要採取第三個方法，尋找第三方的協助力量。也就是我們自己已經盡到最大的力量還沒有辦法完成，那我們只有找第三方的力量來幫助我們。

　　我們剛講到 Make Emotional Payments 也就是動之以情，我們要讓對方如何能感受到、進入到他的情懷，再強調一遍「進入他的情懷」。所以我們必須要有一個能力——啟動對方的想像力；也就是說我們不僅要會啟動自己的想像力，我們還要啟動對方的想像力。

　　記得前面說的嗎？因為他有價值觀，當有價值觀的時候，我們再把這個價值觀變成一個畫面，那他將會全力以赴朝著他最想要的這個畫面而前進！所以想像力是一個達到目標極大效果最重要的一股力量、一個能力。

　　我們如何啟動自己的想像力跟啟動對方的想像力，總共分成四大步驟：

　　第一，先確認你最想要的是什麼？

第二，會發生的地點在哪裡？

第三，單數變複數？

第四，你看到什麼？你聽到什麼？你感覺到什麼？

我們用一個實際的例子試試看。

**1. 你最想要的是什麼？**

我最想要的是一棟房子

**2. 請問會在什麼地方擁有這種房子？**

美國洛杉磯

也就是我最想要一棟房子會是在美國洛杉磯

我們走入三，看看單數變複數

**3. 請問這一棟房子會有誰跟你住在裡面？**

裡面會有太太、兒子、女兒

我們走到第四個步驟來看看

**4. 當你在美國洛杉磯有一棟房子**

你的太太、你的兒子、你的小孩跟你居住在一起

這個時候你會看到什麼？

所謂的看到是什麼？

你會是從你的太太，從你的小孩散發的眼光怎麼看你？

你會聽到他們之間彼此怎麼形容你？

他們會用一種什麼眼神看到你？

他們會在彼此之間用什麼語言來討論你？

當他們用開心的眼神看著你

當他們說爸爸你好棒

這個時候你會有什麼感覺？

這個時候會有一種滿足的感覺！


鬼谷子的學說我們把它運用在談判上面是非常非常好的工具，在他所有的理論裡面有兩項特別適合混合使用，幫助我們在談判上使用那叫抵巇之術、飛箝之術。

什麼叫抵巇之術呢？

巇始有朕，可抵而塞，可抵而卻，可抵而息，可抵而匿，可抵而得，此謂抵巇之理也。

那整段裡面抵巇其實要告訴我們的是任何一件事情，再完美的事情都有可能會有細縫發生。也就是說在談判中我們要找到對方可能產生的破裂隙縫，讓我們可以有機可乘，最重要的是後面這一句話「可抵而得」，就是說我們未必一定要按照他們的意願幫對方去完成所謂弭平這些缺失，我們最後可以整個化被動為主動，讓我們完全掌握這個談判的局勢就是「可抵而得」。

而飛箝之術呢，它重點是在講——

凡度權量能，所以徵遠求近。其有隱括，乃可徵，乃可求，乃可用。

當抵巇之術我們找到他的漏洞之後呢，如果我們再用飛箝之術就可以讓對方為我們所用，談判的局勢完全掌握在我們的手裡。而飛箝這兩個字的大概的用意是什麼？

所謂的「飛」，我們要掌握的是讓對方能夠超越他

實務的想法，讓他能夠膨脹。所謂的「飛」很清楚，他如果很重、很沉重他沒有辦法飛！所以我們要用的語言是讓對方能夠覺得很舒服、很開心的語言，我們才運用他很開心時候的箝，帶著他走到一個新的方向，也就是我們前面所講的瞭解他的價值觀，用他的價值觀啟動他的想像力，達到他想要的價值的畫面，但是這個畫面卻是我們設定的。

再強調一遍，抵巇跟飛箝之術中和起來也就是我們要找到他的裂縫，我們找到他的價值觀，中和混合使用讓我們幫他重新設定一個價值觀的畫面，讓對方能夠很開心的去實現、奔向這個美好的畫面！

如果想把鬼谷子的抵巇之術加飛箝之術運用得更恰當、更有效果，我想這個時候我們可能要用一點英文思考，加入兩個字 Trigger Language 跟 Intangible Value。

Trigger Language 其實跟抵巇之術有一點雷同，也就是說在談判的時候你知道用什麼樣的語言讓對方能夠產生裂縫，也就是會憤怒；用什麼語言使用之後讓對

方能夠覺得很開心。飛箝之術也就是 Trigger Language，也就是讓對方能夠產生裂縫，產生開心的語言。當在談判桌上你能夠運用到 Trigger Language，我相信對你的談判就非常非常的有幫助！

### 我們討論何謂 Intangible Value？

一個所謂的看不見，一個無形的價值。

記不記得我們前面提過，我們要談判之前就要做分析與統計他最愛的人是誰？他大量的行為做了什麼樣的動作？我們都可以從中去找到所謂的表面的行為但卻看不到在內心他最關心、最在意的價值是什麼？那個最重要的一定是複數的概念，也就是抵巇之術加飛箝之術，如果能夠中和再加上使用西方的思考模式找到 Trigger Language、找到 Intangible Value，相信在談判桌上將是無往不利！

好的效果的重要關鍵因素之一。

Streaming Power

# 橫向戰力

## part 4

# 我們的對手不是人！是 AI ！

2023 年之後從個人到企業我們將面臨多重挑戰，1. 疫情過後環境改變的挑戰；2. 經濟衰退的挑戰；3. AI 人工智能大軍壓境的生存挑戰；4. 元宇宙技術應用的挑戰。

以上這四大挑戰都將影響我們生涯職涯的規劃，更會影響企業發展及組織布局所需策略及方向。千頭萬緒需先找到最重要的核心點，這個核心點就是「人才」，這個關鍵性的人才就是「橫向戰力人才」

從個人角度而言，你不是橫向戰力人才，在企業中你將很難生存與發展，而企業沒有橫向戰力人才勢必將喪失競爭力。巨額的人事成本也將把企業給壓垮，而為什麼我們要有橫向戰力成為橫向戰力人才？是因為元宇宙的時代來臨，AI 大軍壓境。

因此每個人都將面臨元宇宙的世代，一邊要運用 AI 一邊更要跟 AI 競爭，我們的對手將來都可能不是「人」而是「AI」。

　　所以 AI 既是朋友更可能是敵人。在這麼矛盾與複雜的未來，更印證了那麼一句話：唯一不變的就是「變」，與其說是挑戰不如換個心情叫創新吧！它是充滿樂趣……要把這個難題給解開，先從元宇宙的核心理念去做剖析：

## 虛擬／分身是元宇宙的核心理念

我們每一個人的體力是有限的，所以我們的狀態就很難一直保持在高品質的最佳狀態。我們要讓自己／團隊／組織／企業在最佳狀態 24 小時的為我們展開最有效率的工作經營；我們首先要透過高科技虛擬技術製造分身，為我們作商演活動的 CEO 分身／虛擬分身的培訓講師……等等各種企業的角色需要的任何虛擬分身。虛擬技術就是元宇宙的核心概念，只要我們在經營團隊組織擁有元宇宙的核心技術，我們就能打破時間空間文化的限制，傳播鏈接我們的終端客戶，進而串連全球的客戶……

## 人文故事是元宇宙串流的力量

　　啟動元宇宙的關鍵力量是人文故事，在經營品牌最難的是取得客戶的信任；要取得客戶的信任並非靠網紅的流量也非靠 KOL 的吹捧，這些網紅及 KOL 帶來的業績量是短期的。長期的信任必須建立在客戶的產品使用後的故事，而故事的主角是可以來自不同的工作職場不同身份，不同世代年齡不同性別，所產生的真實感人的故事。運用元宇宙的技術拍攝製作成 90 秒鐘短視頻，傳播給所有可能的潛在客戶產生共鳴後真實美好的感受漸漸獲得信任。

商業經營傳播從單純的文字表達進入圖片表達，但是進入自媒體／新媒體時代後；商業傳遞的方式由於 5G 的誕生，就進入了影音的新傳播方式，讓消費者快速能找到正確而完整的資訊進行消費。更促成線上購買的革命方式，網紅／ KOL 更是獨領風騷，但是漸漸發生了產品的良莠不齊過度的渲染造成很多的糾紛，消費者又部份轉回線下消費，於是線上＋線下的商業經營就悄悄地在進行中；所以新媒體時代將走入「融媒體」時代，品牌經營在融媒體的主導下，一切都進入以傳播內容品質為主；人文 DNA 也就更顯現其重要性，品牌人文主義將變成為商業模式的核心主導的地位。

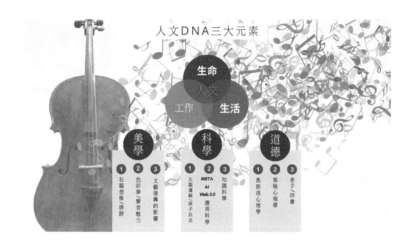

人文DNA三大元素

生命
人文
工作　生活

美學
① 右腦想像／唐詩
② 色彩學／聲音魅力
③ 文藝復興的影響

科學
① 左腦邏輯／孫子兵法
② META AI Web 3.0
③ 知識科學／應用科學

道德
① 馬斯洛心理學
② 榮格心理學
③ 老子／四書

# 企業領導／組織管理文化應融入人文 DNA

　　組織運作的效能取決於企業文化中的人文 DNA 多寡，生命＋生活＋工作＝人文，又如何注入人文 DNA？人文 DNA 三大元素是？運用美學、科學、道德形成人文 DNA。在美學上運用右腦想像／溫度畫面、色彩學（暖色冷色調的運用及搭配）、聲音的魅力（5 種聲音的

變化）、唐詩的美學意境。在科學中培養左腦邏輯思考、孫子兵法的策略邏輯、應用科學工作精準且降低成本。道德的養成使用馬斯洛心理學、榮格心理學。**人文主義的核心在老子第七章：天長地久，天地所以能長且久者，以其不自生，故能長生。**

## 企業未來核心競爭力──Virtual Team

在 Youtube 我聽到了一個故事與讀者分享，主講者說到：在 6/6/2018 星期三那天一切都崩潰了，我看到我在過去十年建立的企業即將要破產了，我毀了為我們完成工作的分包商。他們取消了工作，讓我一個人處理所有工作，我們不得不遷移 8,000 個網頁。8,000 個網頁的工作量約 1,300 個小時。我們只剩四天 96 個小時，世界上誰可以在週末遷移 8,000 個網頁拯救我的企業？於是他開始研究 Virtual Team，全部都是由 freelancers（自由職業者）組合而成，而這種虛擬團隊彼此間並不認識也從未見過面。而這時講者遇到了來自加拿大的自由業者項目經理，但這個經理卻住在 Barcelona（西班牙巴賽隆

納），於是這位經理招集全球的工作者，在週末每天工作 14 小時，在世界不同的區域 24 小時工作，經過了週末到星期一我們完成了 8,000 個頁面成功轉移。

2023 年初在美國洛杉磯爾灣城市，有一位心急如焚的母親找到我，說到他女兒今年 16 歲很有畫畫天分而且已經有很多的作品，女兒想自己搭建一個平台來推廣她的作品！這女孩連絡上我，於是我告訴她必需要建立 Virtual Team 來拓展實現想法。

另外有一位台灣金融界的女協理，她的團隊有 100 多人，在公司的 20 個團隊中業績排行第二名，她想要在 2023 年超越第一名，於是找到我開始為他們的團隊打造 Virtual Team 虛擬團隊。

為什麼我們需要 Virtual Team 虛擬團隊？回想一下二次世界大戰勝出的一方靠的是坦克大軍及步兵（因為是平原戰），但是到了越戰時打的是森林戰，因此作戰方式改用直昇機的垂直方式作戰。到了伊拉克戰役時用的是飛彈，完全以長距離發射能力決定勝敗。但是到了

烏俄戰爭卻用衛星導航的無人機決定了勝敗，因為虛擬的概念植入了戰役，完全不以真人實體進行作戰。

在商業的競爭模式也做了大幅度的改變與進化，從最早的商業版本 1.0 的攤商，自古以來做生意的方式都是人潮聚集多的地方，商家以流動不固定時間的模式進行買賣，此類型「攤商」完全是依賴商品及口碑為成敗關鍵。

進入 2.0 版本時稱之為「行商」，此類型的生意模式以固定店面、固定時間作為生意經營模式，此類型比較可多元發展，運用廣告／DM／活動吸引消費者主動上門。

之後再進入 3.0 網際網路發展成「電商」，消費者不用出門即可在網上消費採購，造就了全球第一的亞馬遜電商。此類型是以平台為主，讓消費者可得到一次性多種消費多重消費滿足感。

從電商的圖片模式又躍進到影音的商業行銷模式，4.0「微商」造就了網紅、KOL 的直播風潮，影音的模

式來臨之後企業管理、領導、經營、銷售完全顛覆過去所有的商業模式，但 4.0 微商直播帶貨最大的缺點是直播主對產品本身的品質不能夠完全理解，更重要的是對產品公司企業文化更缺乏了解，於是直播主在行銷商品的同時發生了很多安全上的隱患及重大失誤。

# 全面將進入 5.0「Virtual Team」人文品牌的商業模式

企業的最大資產就是人才,我們每個人學習的目標就是希望成為企業的關鍵性人才;而要成為 Mentor(組織導師)必須要有一.Human Quotient(人文商數),在組織輔導時作出正確的策略與方法解決衝突糾紛。而要成為 Speaker(組織講師)就必須要有二.Stage Quotient(舞台商數),了解群眾心理/世代價值才能精準的將企業的文化理念執行政策傳播。要成為 Virtual

Communicator（品牌超級傳播者）就必須要有三 .Virtual Quotient（虛擬商數），運用虛擬技術將企業的產品／文化／品牌，無界線的 24 小時傳遞到世界的每個角落。

### 坐著──HQ 談判能力：

由於資訊在網路帶動下取得容易，AI 人工智能的普遍被使用後大家都擁有自己獨立的見解；所以人際互動很難完全用溝通達到效果，因此必須將溝通／說服／銷售升級為談判。談判要進行順利最重要是以對方想要的方向為主，HQ 人文商數的理念就是以透視對方價值觀

為第一步，再以對方的價值觀進行導引；再運用對方想像力放大未來美好的畫面，加上自身在視覺／聽覺／觸覺上的魅力取得對方信任。在對方的執念（軟肋）上去與其交換達到影響對方，作出不同的行為與做法以達成我們所設定的目標。

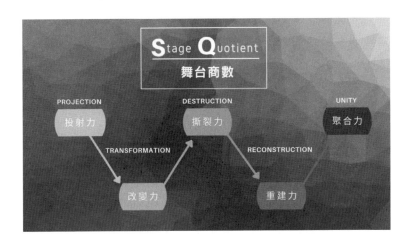

### 站著──SQ 簡報力：

當我們站在舞台上不論是演講／簡報／產品發布會……只要是站在舞台，我們都偏向單向溝通，所以我們對群眾的內心想法；應該事先要搜集如年齡／職業／性

別，由這預先準備好的資料中展開。SQ 舞台商數第一步投射力（內容跟語氣用詞），都按設定方向進行。第二步抓住認同者（由肢體動作判斷）進行改變，第三步將針對不認同者（由肢體語言作判斷），進行撕裂（用語言加重不認同我們的觀念後的惡果略作威脅）；第四步再把剛剛不認同我們觀念者經過撕裂後認同者，進行重建他們的信心補強，第四步放下所有不認同的概念我們把時間線拉長，創造美麗的共同的願景，第五步聚合所有認同我們價值觀的人邁向共同方向前進……

### 面對鏡頭── VQ 虛擬商數：

當我們站著面對冷冰冰的攝影機（並非坐著面對電腦），我們的腦部可能是空白，我們臉部肌肉是緊繃身體是僵硬；此刻我們要放鬆臉部肌肉以略帶表演的語言及肢體動作啟動 VQ 的第一步，第二步我們的內心是要有溫度帶動我們表達的口語，以達到聲音帶動我們的表情，第三步是你的內心空間要大，不能只有對跟錯的二

元空間，要有第三種的可能性拉大空間那就是哲學思想；第四步建立複數受益人以視覺／聽覺／觸覺，建構受眾者的圖像，最後就是運用美好的畫面穿越到過去（解開心結），穿越到未來甚至是死亡以後的那個被擁抱的畫面。

**「聚合力」是打造 Virtual Team 的重要能力**，聚合力不同於傳統的領導力及管理能力，它不具備階級職位的高低，更不是權威式領導，是一種把每個人最強的特質及能力聚集在一起去解決事件問題的力量，它是眾人智慧結合的力量，它可能來自世界各個角落多種文化，多元種族結合而成的力量，所以橫向戰力就格外需要發揮。

聚合力更需要結合 Z 世代，因為 Z 世代現在幾乎是企業最主要成員組成分子。Z 世代出生的時代背景是富裕是科技，所以他們內心追求的東西可說是完全不同於前幾個世代，Z 世代的想法思維更別說：「以其不自生故能長生」。幾乎都是以自身為出發，Z 世代在追求歡樂！

追求自由！追求生命意義！但 Z 世代沒有包袱，沒有負擔，所以他們勇於嘗試，喜歡不固定化，去中心化，也因為這些元素在他們的 DNA 也造就了他們創新的能力，勇敢擁抱世界，擁有改變世界的夢！

## 再論風！借風尋心⋯⋯心安在何處？

「風是大規模的氣體流動現象。在地球上，風是由空氣的大範圍運動形成的。在外太空，太陽風是氣體或帶電粒子從太陽到太空的流動，而行星風則是星球大氣層的輕分子經釋氣作用飄散至太空。風通常可按空間尺度、速度、力度、肇因、產生區域及其影響來劃分。在太陽系的海王星和木星上，曾觀測到迄今為止於星球上產生的最為強烈的風。

在氣象學中，經常用風的強度和風的方向來描述風

。短期的高速的風的爆發被稱為陣風。極短時間內（大約 1 分鐘）的強風被稱為颮。長時間的風可根據它們的平均強度被稱呼不同的名字，比如微風、烈風、風暴、颶風、颱風等。風發生的時間範圍很大，有只持續幾十分鐘的雷暴氣流，有可持續幾小時的因地表加熱而產生的局地微風，也有因地球上不同氣候區內吸收太陽能量不同而產生的全球性的風。大尺度大氣環流產生的兩個主要原因是赤道和極地之間的所受不同的加熱，以及行星的旋轉（科里奧利效應）。在熱帶，熱低壓和高原可以驅動季風環流。在海岸地區，海陸風循環在局地的風中占主要。在有起伏地形的地區，山谷風在局地風中占主要。

在人類文明歷史中，風引發了神話，影響過歷史，擴展了運輸和戰爭的範圍，為機械功，電和娛樂提供了能源。風推動著帆船在地球的大海中航行。熱氣球利用風可作短途旅行，動力飛行可以利用風來增加升力和減少燃料消耗。一些天氣現象引發的風切變區域可以導致

航空器處於危險的境況。當風變強時，會毀壞樹木和人造建築。

風還可以通過不同的風成過程（比如沃土的形成，黃土的形成）和侵蝕作用改變地表形態。盛行風可以將大沙漠的黃沙從源頭帶到很遠的地方；粗糙的地形可以將風加速，因為對當地的影響很大，世界上一些區域的和沙塵暴相關的風都有自己的名字。風可以影響野火的蔓延。很多種植物的種子是依靠風來散布，這些物種的生存和分布受風影響很大。一些飛行類昆蟲的種群大小也受風影響。當風和低溫同時發生時，對家畜會有不利影響。風還可以影響動物的食物的儲存，以及它們的捕獵和自保的策略。以上引用自維基百科「風」。

風，穿梭在四季中，並且在每個季節中扮演著不同的角色。春天的風，喚醒了沉睡的生命；夏天的風，消除了人們的燥熱；秋天的風，吹響了收穫的號角；冬天的風，帶給人刺骨的寒意。

風，時刻影響著我們的生活。也因此，很多詩人都以風作詩。

1.《無題》──李商隱

相見時難別亦難，東風無力百花殘。

春蠶到死絲方盡，蠟炬成灰淚始乾。

曉鏡但愁雲鬢改，夜吟應覺月光寒。

蓬山此去無多路，青鳥殷勤為探看。


2.《虞美人‧春花秋月何時了》──李煜

春花秋月何時了？往事知多少。

小樓昨夜又東風，故國不堪回首月明中。

雕欄玉砌應猶在，只是朱顏改。

問君能有幾多愁？恰似一江春水向東流。

3.《白雪歌送武判官歸京》——岑參

北風捲地白草折，胡天八月即飛雪。

忽如一夜春風來，千樹萬樹梨花開。

散入珠簾濕羅幕，狐裘不暖錦衾薄。

將軍角弓不得控，都護鐵衣冷難著。

瀚海闌干百丈冰，愁雲慘澹萬里凝。

中軍置酒飲歸客，胡琴琵琶與羌笛。

紛紛暮雪下轅門，風掣紅旗凍不翻。

輪臺東門送君去，去時雪滿天山路。

山迴路轉不見君，雪上空留馬行處。


4.《茅屋為秋風所破歌》——杜甫

八月秋高風怒號，卷我屋上三重茅。

茅飛渡江灑江郊，高者掛罥長林梢，下者飄轉沉塘坳。

南村群童欺我老無力，忍能對面為盜賊，公然抱茅入竹去。

唇焦口燥呼不得，歸來倚杖自嘆息。

俄頃風定雲墨色，秋天漠漠向昏黑。

布衾多年冷似鐵，嬌兒惡臥踏裏裂。

床頭屋漏無乾處，雨腳如麻未斷絕。

自經喪亂少睡眠，長夜沾濕何由徹？

安得廣廈千萬間，大庇天下寒士俱歡顏，風雨不動安如山！

嗚呼！何時眼前突兀見此屋，吾廬獨破受凍死亦足！


5.《行路難‧其一》──李白

金樽清酒斗十千，玉盤珍羞直萬錢。

停杯投箸不能食，拔劍四顧心茫然。

欲渡黃河冰塞川，將登太行雪滿山。

閒來垂釣碧溪上，忽復乘舟夢日邊。

行路難！行路難！多歧路，今安在？

長風破浪會有時，直掛雲帆濟滄海。


我們看了這麼多金庸小說，在小說中有一大堆英雄人物，像神鵰俠侶中的楊過，射鵰英雄傳的郭靖，笑傲江湖中的令狐沖，倚天屠龍記中的張無忌……等等，每個人都有不一樣的性格．那你最喜歡那一個人物？或者說，你最想當那一位主角？令狐師兄，心中嚮往令狐沖的放蕩，詼諧，癡情，義無反顧……

郭靖，比較像他沉默寡言的形象，張無忌，是因為張無忌在小說中人見人愛，有好多個女生喜歡，但是讓我有深刻印象的不是人物，反倒是一句武功心法口訣。

張無忌是練九陽神功的，而九陽神功心法的幾句：他強由他強，清風拂山崗；他橫由他橫，明月照大江。

這句的意思是說對於別人的攻擊批判，我就像山，

攻擊批判像清風，清風不會對大山產生傷害，就像明月也無法對大江產生改變。

當我們遇到任何的颶風颱風只要我們心能定下來，任何風對我們而言都是清風，能御風才能化解任何攻擊，僅憑藉御風還不足成就我們，要借風尋心，人只有遭受攻擊與苦難才能見到那顆心安在何處？

孟子見梁惠王。王曰：「叟！不遠千里而來，亦將有以利吾國乎。」

孟子對曰：「王何必曰利，亦有仁義而已矣。王曰『何以利吾國』，大夫曰『何以利吾家』，士庶人曰『何以利吾身』。上下交徵利而國危矣。萬乘之國弒其君者，必千乘之家；千乘之國弒其君者，必百乘之家。萬取千焉，千取百焉，不為不多矣。苟為後義而先利，不奪不饜。未有仁而遺其親者也，未有義而後其君者也。王亦曰仁義而已矣，何必曰利。」

孟子曰：「仁，人心也；義，人路也。捨其路而弗由，放其心而不知求，哀哉！人有雞犬放，則知求之；

有放心而不知求。學問之道無他，求其放心而已矣。」

如果人人心中都是利益遲早會迷失丟掉自己的心，所以在人際關係互動中無法用溝通／說服／銷售達到目標時，我們就要啟動談判的技術去完成目標。


### 運用 CPSN 談判能力找回對方丟失的「初心」

CPSN談判學原理：

●運用談判找回對方失去的心……

●運用談判撫平對方傷痛的心……

●運用談判創造對方美好的心……

●談判的理念就是找到對方的執念（軟肋）

●與對方進行不對等的價值交換

●談判是……柔軟的！浪漫的！是美好的！


### 談判會是企業組織的關鍵性能力

AI 機器人工智慧將越來越聰明，商業經營也越來越

廣泛使用而取代人工的服務／銷售／駕駛……方方面面，但 AI 人工智能將很難去取代人跟人之間的談判行為，因為 AI 人工智能缺少溫度／情懷／感受，所以我們每個人都要好好學習談判擁抱談判，因為全民皆談判的時代已經來臨了！談判不需要那麼嚴肅，只屬國家元首的專利；更不是那麼殺伐非得你死我活，只屬企業領導者搶奪金錢的武器！也不一定非要在談判桌才能進行的……它可以是一首浪漫的演奏曲，是可以生活化，也可以是隨機的讓我們趨吉避凶，讓我們心想事成如願以償。

### 談判將提高組織的效率及效益

正確的使用談判會幫企業盈利成長，更會幫助領導者在管理上遇到問題，都能迎刃而解讓公司政策貫徹落實，也讓部門與部門的合作發揮最大的效率，銷售部門更如虎添翼超越其它的競爭對手，只有良好正確的談判方法所有的問題都將不是問題！更將問題轉換成優質的企業創新文化。人生不論在何時，在何地，我們都會碰

到大大小小的事情與困難，別急……只要我們能有談判的能力一定都可逢凶化吉，作個天選之人吧！從此不論是在家庭／職場／社交我們一定都能成為最受歡迎的人……人人皆談判的時代來了！

**普通對話與關鍵對話有何不同？（取自關鍵對話）**

**1. 高風險 2. 不同觀點 3. 強烈情緒**

碰到關鍵對話為什麼都失敗收場？

1. 暴力對抗原因　2. 轉身而逃：

腎上腺素控制了我們，血液被調至其他器官（充斥四肢準備對抗或逃跑）因腦部缺血思考，所以必須冷靜才能思考，才能進行關鍵對話。

# 從心開始

1.我希望為自己實現什麼目標？我希望為對方實現什麼目標？我希望為我們之間的關係實現什麼目標？實現這些目標該怎麼做？

2.控制好你的身體：當大腦高速運轉分析問題，身體就會將血液抽離四肢，我們就可以慢慢退出「逃避或對抗」模式，進入理智分析問題。

溝通是以「雙方利益」觀點為出發點

銷售是以「自己利益」觀點為出發點

說服是以「雙方未來利益」觀點為出發點

談判是以「對方利益」觀點為出發點

當你能凡事都能以「對方利益」為優先出發，你才能成為一個真正的談判高手。大多數的談判理論都是以

雙贏為核心理論，但我是華頓商學院——史都華戴蒙教授的忠實信徒，信奉談判是「getting more」理論。很多人會不理解及誤解把「getting more」解讀為我獨大獨贏，並非如此！

想想我們都是以對方的利益觀點出發，我們是在幫助對方創造更大的價值，記得前面所述的價值觀嗎？對方是在為他自己最愛的人在努力付出，所以我們是在幫助對方啟動想像力，在未來五年十年的價值及受益人的人數增加後，而提高預算。

舉個例子，有位客戶要買房子（目前單身），但我們啟動他的想像力創造五年結婚後的場景，多一位太太一個小孩，請問他購買房子的預算是否要提高？當然要，我們是在幫助客戶創造價值！提高他的預算我們就能實現我們「getting more」的目標了。

為什麼我們很難以對方的價值觀點出發？因為每個人都習慣以自己的價值觀點為出發點，長久下來已經習慣了。很多人見面互動時總能滔滔不絕的表達，非常

多的內容甚至在簡報會上大量的 ppt，總以為自己口才很好，但那是自我感覺良好，對方聽得完全無感。這是為什麼呢？是角度，是每個人看事情的角度不同！為什麼每個人看事情的角度不同呢？有七個因素造成角度不同：

**1. 年齡 2. 性別 3. 興趣 4. 學歷 5. 職業 6. 經歷 7. 文化**

這七個因素造改變了我們彼此對事物的角度，一位年輕的女性告訴奶奶：吃蘋果不削皮吃比較營養，但奶奶的牙齒可能已經完全咬不動蘋果；另一位女性告訴男性朋友要做瑜伽對身體很好，而且印度的瑜伽大師都是男性，但這位男性朋友可能以為瑜伽運動不夠劇烈而加以拒絕。種種的因素都造成我們看事情的角度不同。

在企業中，尤其在高科技公司類似此類的事情更是層出不窮。像工程師的部門與其他部門互動更是頻繁，因為工程師都是自己的職業角度出發，與人互動溝通更是障礙重重，工程設計師通常都是以程式語言在主導，左腦特別的強大，但右腦往往是薄弱的。

在企業溝通協調互動中有四大類的障礙語言：

**1. 程式語言：**表達的字句太簡單，常常讓人聽不懂、聽不明白需要猜

**2. 行政語言：**表達時太多框架條列，往往讓人沒有興趣往下聽，這種語言毫無吸引力

**3. 銷售語言：**表達時口氣急促，總想讓人聽從他的理論，此種表達會讓人想跟他爭辯

**4. 命令語言：**傳遞任何訊息總是冷酷總是讓人沒有選擇，此時人人都只有一個意念就是逃

修正這四大障礙語言需要做一些調整與改變：

1. 嘴角向上15度，展現笑臉

2. 脖子要挺直，讓人覺得有誠意、有精神

3. 眼睛要直視，展現專注，呈現尊重的態度

用語也做些調整：

1. **甜蜜語言**：我需要你的協助

2. **情感語言**：我們一起就更好

3. **創意語言**：怎麼樣讓我們更強大

4. **想像語言**：明天一定就可以

5. **合作語言**：我們一起做就會更強大

Streaming Power

# 橫向戰力

part 5

# 數字經濟 Digital Economy VS 品牌資產 Brand Equity

現代社會中，「顧客就是上帝」是企業界的流行口號。在客戶服務中，有一種說法，「顧客永遠是對的」。不過各方有不同的演繹，例如顧客二字的個別定義。

顧客一詞源於習慣。一個顧客是時常探訪某店舖的人，他常在該處購買，和店東維持良好關係。

一、從市場與競爭者角度：顧客是市場和競爭的最終裁判者，消費者決定了市場競爭的勝負成敗

二、從行銷角度：提供大數據消費者行為是整個行銷策略的核心

三、從組織的角度：提供營收利潤，顧客是組織的經營資本

四、從社會整體的角度：消費者滿足是檢驗企業品牌口碑優良與否的數據

五、從員工的角度：顧客或消費者提供了員工滿足的薪資來源

六、從政府的角度：大眾消費者行為的研究提供了政府公共政策的決定方向


**數字經濟藏在於客戶關係管理（Customer Relationship Management，縮寫 CRM）**是一種企業與現有客戶及潛在客戶之間關係互動的管理系統。通過對客戶資料的歷史積累和分析，CRM 可以增進企業與客戶之間的關係，從而最大化增加企業銷售收入和提高客戶留存。

而企業與消費者之間有五種的演變過程：

第一階段是 Potential Customer 潛在客戶（還未消費購買產品）

第二階段是 New Customer 新客戶（第一次消費購

買產品）

第三階段是 Old Customer 舊客戶（第二次以上消費購買產品但時間不固定）

第四階段是 Loyalty Customer 忠誠客戶（固定一段時間內重複消費購買產品）

第五階段是 Brand Super Communicator 品牌超級傳播者（會自主性幫企業轉介紹推薦品牌）

一切都要以消費者的大數據，來研判及制定市場的經營行銷策略。

大數據是一種運算形式，可幫助使用者從原本毫無價值的巨量資料（結構化或非結構化資料皆可）中挖掘出使用者的需求，進而讓使用者獲得洞察。然而大數據的強項僅在於尋找結果，無法根據結果採取進一步的行動。

總括而言，大數據能夠協助企業從茫茫數據大海中探索出有價值的洞見，從而影響各行各業的發展方向。

而一個企業的經營就是要將一個潛在客戶 Potential Customer 轉換成第四階段的忠誠客戶 Loyalty Customer。但企業更要努力將忠誠客戶再提升為企業的品牌超級傳播者，才是我們現今企業經營努力方向與方針。

　　但如何將潛在客戶轉換成忠誠客戶，及品牌超級傳播者將是企業的一大挑戰。而忠誠客戶加上品牌超級傳播者 Brand Super Communicator 的數量多寡就是品牌資產的核心數據來源。

　　現今的企業在品牌超級傳播者經營策略，都是借重外力的網紅，KOL 及明星用直播帶貨的模式在進行。但讀者細細觀察阿里巴巴的馬雲就是品牌超級傳播者，Elon Musk 是 Tesla 特斯拉的品牌超級傳播者，為什麼這些世界超級品牌都是 CEO 親自上陣呢？

　　是企業文化……因為網紅、KOL及明星都無法深入了解所代言的那家的企業文化，都是很膚淺誇誇其詞在談代言產品的功能，僅此而已！

　　現今的資訊公開透明，更有 ChatGPT 驚人的強大解

讀能力，所以企業的競爭立必須建立在人文專業上，記得橫向戰力的定義嗎？是用人文專業取代知識專業，再強調一遍知識的專業大部分都將會被 AI 人工智慧取代。

企業經營如果期待一個消費者一個客戶主動地成為我們的品牌超級傳播者，這樣的想法實在是不切實際。但企業僅憑網紅、KOL 及明星作為產品品牌超級傳播者，長期對企業是有極大的風險，因為網紅、KOL 及明星在道德及法律上一但觸犯了什麼條條框框那後果是無法想像，對企業造成商業上的巨大損失更是難以估計的。

因此為了解決此一問題，唯一的方法是在企業內部培養品牌超級傳播者，當企業有了培養內部的品牌超級傳播者的方法系統後，便可將這套系統套入我們的忠誠客戶好讓他們能輕鬆而容易地為我們推薦給市場上的潛在客戶。

# 品牌時代來臨

　　真正的品牌時代來臨了，大至世界品牌小至個人的品牌來臨了！在這次 COVID-19 之後世界的市場真正被鏈接了，而其至關重要的品牌資產是建立在 TA（Target Audience）的精準開發及精緻的服務，而精準開發與精緻的服務更要有一套看不見的價值（Intangible Value）市場行銷策略。尤其是這次疫情，把一些不可能的行為帶入了市場，例如把辦公室帶回家，把健身房帶進客廳，把電影院帶進臥室。

　　都是拜疫情之賜讓我們能大膽地將產品以前的 Add Value（附加價值）擴大成為了產品的 Core Value（核心價值）。

　　成功的關鍵因素有二個：1. 傳播的速度要夠快 2. 會員訂閱制度（不可再迷信免費的流量）免費的流量是很難再變現的，當時很多人都打著流量變現這樣的概念，

但大多數都是以失敗收場，充其量也是做個 Youtuber 而非品牌。

讀者必須認品牌是建立在產品之上，首先一定要產品，沒有產品想以個人形象博眼球的方式存活那是短暫的！只有在優質產品上去創造消費者的高價值才能建立品牌效應。舉個例子：COVID-19 期間，兩大世界汽車品牌 2022 年銷量結果如下：

Toyota 　　銷量 10,483,024 輛下降 0.1%

Rolls-Royce 　　銷量 6,021 輛成長 8%

價格低的產品未必一定是贏家，只有不斷地提供消費者 Intangible Value 看不見的產品價值服務才能成為真正的市場主流，2023 年 3 月，時尚界巨頭 LVMH 集團的 CEO 行政總裁──貝爾納阿爾諾（Bernard Arnault），三度晉升為「世界首富」，他用時尚文化對奢侈時尚的執著：將一個品牌塑造成「永恆的傳統」打造出今天帝國。

免費流量變現的時代已經結束了……真正品牌經營的時代來臨了！

Brand DNA 就是 Content 內容的呈現：1. 網站的內容 2.Short Video 短視頻不再是以博眼球為主，要感動人心傳遞溫度具備人文關懷的內容。

這幾年大家都放棄了網站的經營，如果品牌經營只用 WeChat（微信）、Line、FB、Instagram、TikTok、Twitter 工具，博眼球雖然速度很快但很難建立 Brand Equity，就像漏斗理論，只有進沒有底層的留，最後還是白忙一場，有了網站才能實現漏斗理論。

世界……全球市場經營，只有一步一步經營客戶，以更高的價值留住消費者，留住我們的忠誠客戶。

**Brand DNA ➡ Brand Equity ➡ Term Brand ➡ Global Brand**

Brand DNA 最佳展現的工具就是 Short Video 短視頻，有次上課教學時學生說：老師你的影片做得很好！當時我就問他們這樣 90 秒的影片做好需要多久的時間？他們回答一星期。天啊！我又再給他們一次機會猜？「三天！」他們回答，我的答案是不到二小時！他們個個表情簡直難以置信。我現在教出的學生只要花 1.5 小

時就能做出 60 秒的高品質短影片，分身……速度……內容……虛擬……傳播……這就是元宇宙的核心理念。

在這樣的理念架構下我創立了一個新的教學系統：群蜂戰隊 Virtual Team 的訓練模式。

Brand DNA 是什麼？由什麼因素組成形成？為什麼做短視頻的技術不難，難的是製作影片的「內容」很難？對！就是內容，所以我們首先要有一個正確的認知，短影片不是自己做得高興自我感覺良好。

而是要以「對方」為出發點，也就是我們的 TA。簡單說因年齡／性別／職業／文化的因素都將影響我們製作短影片時的內容與方向。Brand DNA 是由你內心對客戶所能提供價值的服務是什麼？具體會在你的 Believe 及 Slogan 中表現出來。

內容……內容，想把內容掌握我們自己的Believe及Slogan完全地融入客戶的服務方案影片，那我們的角色定位就必須要有清楚的定位：

**製作短影片的五種角色定位組合**

**1. 導演 2. 編劇 3. 剪輯 4. 音效 5.TA（客戶端出發）**

**製作短影片須把握的五大原則**

**1. 以「對方」的價值觀出發**

**2. 主題要精準**

**3. 內容要邏輯貫穿**

**4. 觸碰到對方的心產生共鳴**

**5. 豐富對方的人生**

以對方的價值觀出發，也就是從 TA 客戶端出發，當我在教學的時候，讓很多原本很會做影片的高手在此處解開了困惑，因為原先他們是以自己的價值觀出發做影片直接去說服對方，不是不對，是太著急了。

比如「情」這個字的表達，可分愛情／親情／友情三大類，如果我們以自己的角度解讀做影片你可能只有33% 獲得客戶「心」的機會，因為三種情愫完全不同，呈現出文字、畫面、音樂……完全不同，所以我們一定要以客戶對方價值觀為出發點，在前面的談判學亦是如

此，要以對方的價值觀出發才能找到對方的軟肋。我們再複習一遍：

## 價值觀：為一件事付出大量的行為（時間或金錢）

### 單數變複數（最愛的人）

而想製作好的影片基礎在作 PPT，當時所有學生都質疑這個理論？為什麼大家會質疑因為差異性在文字與圖像的概念，因為傳統的 PPT 是大量文字為主導，用這樣表達作為基礎是完全無法製做出影片。

必須改變製作 PPT 的習慣，由少量精準的文字加背景的圖片來表達呈現，讓視覺上由圖像直接帶入要表達內容的情境。所以用新的概念之後有個問題產生了，如何用精準文字表達，是 Z 世代的痛點，他們很會使用 3C 產品，但碰到文字表達就難著他們……所以技術軟體都不是問題，而「精準的主題」成了 Z 世代最大跳不過去的障礙。

這幾年企業發展都是以 IT 理工科方向為主要的人才，但 AI 的廣泛運用後右腦型的文科出生的人才倒將會是企業戰略發展的關鍵人才。全球企業更已開始提倡週休三日，往後「說走就走」「探尋之旅」……人文導向的活動將大量的被深度開發，遠程工作者如何回歸辦公室工作，工作環境也將大幅度的調整為——有「家」的味道，有人文氣息的工作環境。

從過去由產品主導市場消費者而轉向以消費者為軸心的客製化的價值為導向，因此關鍵人才在人文氣質培養上的需求將大幅度的增加。

### 元宇宙的核心力量──人文故事

英國歌手 Adele 有一首歌 Easy on me，在全球一天的點擊率破 6,000 萬次，為什麼如此驚人？因為她的歌在唱一個未來的故事，告訴她的兒子在 20 年後（兒子現在約九歲）能夠理解媽媽為什麼要離婚，希望兒子能 Easy on me（對她不要太嚴苛的看待這個離婚的問題）非常感人……

另外一個就是華裔女性吳弭（Michelle Wu）波士頓的新市長，她是跟著父母從台灣移民到美國，當時她的父母沒有英文能力，沒有金錢，沒有人際關係的資源，母親甚至有精神疾病的問題，在這麼惡劣的生存條件之下，Michelle 還能幫助父母照顧兩個妹妹完成學業成為優秀的人才。

　　這個故事呈現的是責任、勇氣、挑戰、感動了波士頓的選民，由於她打破了白人男性執政市長的角色，改寫了 200 年的歷史紀錄！

　　**人文氣質！人文專業！將是企業未來戰略發展不可缺少的重要元素。**

Streaming Power

# 橫向戰力

part 6

# Finger Economy 手指經濟
## ——橫向連結

　　互聯網的運用如今不論是在個人或是企業都已非常成熟了，而分享經濟更是主流中的主流；而我們下一步要做的是將互聯網＋分享經濟發揮到更「快」更有「個性化」更有「客製化」的方法模式誕生了！我稱它為「Finger Economy 手指經濟」的誕生。


　　**Finger Economy 手指經濟的誕生有三大條件：**

　　**（A）Z 世代影響力的誕生**

　　**（B）Remote 遠程工作能力的成熟**

　　**（C）女性創業的人數倍數成長**


　　這三大條件都是因為人們在追求 work-life balance

的疫情後的價值觀，改變了全球人類的思維模式，因為人們需求呼吸，不能再為工作所帶來的壓力而收到的是痛苦，更憂慮的那份無法承擔的重量所以我們要學會釋放壓力，但又不能逃離現實生活，於是在互聯網成熟的環境下躲避疫情而產生新的工作模式 work from home 於是 work-life balance 就完全可以做到。

記得前面老子所說：道生一，一生二，二生三，三生萬物，三這裡如果用英文來解釋就是 balance，任何事情都有可能在問題與需求的衝突中找到平衡的思維。

所以這次全球大疫情，剛開始困住了所有的人、所有的企業，我有一位 17 歲天才繪畫家學生，當時她就畫了一幅戴著口罩但臉上卻留下二行血淚，好震撼！

如今我幫她運用 Zoom 的線下＋線上的思維打開世界的市場，這是因為人們為工作而有了遠程工作能力。

如今大家都覺得用 Zoom 的遠端互動是一件很普通的事，但是在 2019 疫情發生後，台灣疫情較為穩定，於是完全拒絕線上 Zoom 互動，更有企業因資安問題拒絕用 Zoom，中國接受的程度比台灣好點，而美國就完全接受 Zoom。

　　所以當時我就先發展美國市場，由於這個決定讓公司能完全運用線上＋線下的運作市場。

　　現在我人在美國，台灣／中國市場就先用線上啟動部分課程，等我回到亞洲再啟動另外一部份線下的課程，而我在台灣就先啟動美國線上課程，到美國再啟動線下實體課程，這個模式公司已運作很成熟了。

　　教育訓練有三步驟，傳道、授業、解惑，而傳道／授業現在已進入免費時代，因為 Youtube 有著大量的知識性的資訊提供，更何況還有 ChatGPT 到 AI 可大量提供你想要的知識。

教育訓練就剩下解惑這條路可收費了，更何況在 Finger Economy 手指經濟下人們傳播的速度更快，但由於資訊知識過於龐大，人們的疑惑也就隨之而來，憂鬱症、焦慮症、恐慌症更是在各種社群媒體中推波助瀾。

解惑……便是唯一的從事教育者的重要任務，如今要成為一個優質的解惑教育從事者就必須擁有國際文化的真實感受／認知後的經驗，而不能只有過去的教學經驗而採取封閉式的訓練，那是危險！更是危害的！因為 Z 世代的價值觀 work-life balance 正在全球發酵及改變經營者的思維，那是一股不可逆的趨勢。

而教育行業從事者將是任重道遠，因為三大因素產生會讓教育訓練的需求大爆發！

（A）AI 的崛起——讓企業大量裁員

（B）Remote ——遠端工作的成熟

### （C）週休三日的誕生

這會使人們的時間變多了，我常問學生：在這樣的條件下你產生了很多時間他們要做什麼？統計結果後歸類為二大方向 1. 吃喝玩樂 2. 學習

在未來將是旅遊業、教育業的黃金時代，要抓住這黃金年代手指經濟將扮演關鍵。


動動手指讓你連結世界／動動手指讓你企業獲利／動動手指讓你財富滿滿⋯⋯

# 秀才不出門能賺天下錢

手指經濟將是以手機為主導，而最擅長用手機操作的群體Z世代是翹楚，他們不太善於溝通／演說但卻精於「傳、說」，所以實體的行為就被導向成了虛擬的傳，說。

傳，說的特性是快速，量大，所以我們一定要深入瞭解Z世代族群的特質：

**Z世代狹義的定義：**出生於1997~2010的人，我們稱之為Gen Z。

**Z世代廣義的定義：**不論任何年齡及性別的人，已進入Z世代的氛圍文化之中我們無法選擇，只有進化否則就是被淘汰的命運。

Gen Z 我們不得不深入去瞭解：

1. 佔全世界總人口數：30%

2. 消費力：7 兆美元

3. YOLO人生觀：You Only Live Once

4. 拒絕被貼標籤

5. 拒絕傳統薪資的分配

6. 拒絕公司晉升制度：Reject Climb Corporate Ladder

7. 38% 的人想成為 CEO

由於 Gen Z 創造了 work-life balance 的價值觀，這樣的價值觀之前被貼上 Lazy Girl Jobs 的標籤，但如今這樣的價值正在發酵，而延伸創業的概念，尤其是女性在疫情過後在 2023 年創業人數在倍數成長中。Gen Z 與 AI 是一樣的在影響我們工作／生活型態發展，我們無法拒絕 AI 更無法輕忽 Gen Z。

前面章節所提到元宇宙定義的 10 個字「虛擬、分身、傳播、鏈接、串流」這都是技術與工具的部分，但如要發展這 10 個字就必須結合文藝復興（Renaissance）成為原宇宙的核心內涵。

## 文藝復興（Renaissance）

文藝復興（Renaissance）指的是一個文化運動，發生在歐洲在 14-16 世紀間。它先在義大利半島，其後傳播至全歐洲。文藝復興結束中古時期並開始了歐洲的近代時期。在這時期，人民受人民主義所影響。他們相信人的價值比宗教緊要。他們對希臘及古羅馬的藝術及學習有興趣。他們開始欣賞他們身邊的美麗事情。

The Renaissance was a time of great advancement in human understanding. Explorers began traveling across the globe, scientists developed new ideas and cities exploded into major hubs of trade and culture. One of the period's most radical changes occurred in the world of art, as paintings, frescoes, and sculptures departed from the two-dimensional style of the previous centuries and took on a new, transcendent approach.

文藝復興是個人類理解的偉大進步時代。

探險家開始穿越全球，科學家提出新想法，城市成為主要的貿易和文化中心。

該時期最大的改變發生在藝術界，繪畫、壁畫和雕塑脫離了前幾個世紀的平面風格，展現出一種新的、超越的方法。

舉個例子：有天在線上教那位 17 歲天才畫家時討論一個問題：ADA 如何與股票上市公司合作？她驚訝的問我為什麼那些上市公司要跟我們 ADA（是她創辦的公司名稱）合作？我對她說：首先 ADA 要放棄賣畫的觀念，而是要讓他們上市公司跟 ADA 買畫，她問我如何做到？

1. 從上市公司角度思考：公司希望員工能創造高效率的工作成果

2. 從員工角度思考，希望自己的孩子能情緒平穩專

心讀書

　　從這二個角度出發，ADA 可提供的價值是員工小孩可從線上學習畫畫（ADA 提供教學畫師用全英文教學）。員工的孩子不但可學會畫畫更可學會英文，更能從教學身上了解國際文化（ADA 可提供不同英語系國家畫師）。

　　她明白了解決小孩的問題讓父母能安心工作，企業就得到員工好績效，企業就能獲利成長，ADA 合作價值自然產生了。


　　藝術不再是遙不可及，Renaissance 另外一意思是重生（Rebirth）手指經濟傳的內容不是垃圾更不是疲勞轟炸，是療癒！是成長！是重生！

　　讓我們的左腦運用 AI，讓我們的右腦邁向文藝復興。


　　AI，Gen Z，Renaissance 這樣多元的環境養分絕非

我們僅憑一人之力可融會貫通，必須是群體的組合——
「群蜂戰隊 -Virtual Team」。「群蜂戰隊 -Virtual Team」，
是強者的裂變，是敏捷的戰隊。

**1. 群蜂思維 2. 群蜂技術 3. 群蜂創意**

1. 群蜂思維是來自孫子兵法第十一篇：

善用兵者譬如率然，率然者常山之蛇也

擊其尾則首至

擊其首則尾至

擊其中則首尾俱至

孫子兵法第四篇：

善守者藏於九地之下，善攻者動於九天之上

**元宇宙商業經營模式：**虛擬分身為主的核心概念由
強者分身裂變成群蜂戰隊，也就是說團隊中某一個人的
績效最好的人，我們就快速的將其方法複製。

複製的方法可有三種方式：一.作成短視頻（但並非

傳統個人入鏡錄製，更非由影視製作公司製作）。

個人入鏡有二個問題：1.強者本人可能不擅長對著攝影機表達，2.視覺上多次看同一個人容易產生疲勞感及厭惡感。

由影視公司製作同時也有二個問題：1.製作成本較高，會喪失市場最佳時機，2.影視公司製作的影片高大上卻不能真實的掌握核心思維。

而群蜂戰隊在訓練完成短視頻製作後，以 30~90 秒的影片只需要 1.5 小時左右即可完成（配音樂、內容剪接）。

二. 製作頭像 PPT 那就更快了，先做一張 PPT 在錄作本人說明，與 PPT 同時自動播放即完成，快的只要幾分鐘就可以完成。

我的學生在使用頭像 PPT 發揮了很大的支援效果（解決其他組員專業說明上的問題）因為製作頭像 PPT 時，PPT 是自己做的然後錄製時自己只是面對自己的電腦攝像頭說明 PPT 內容即可，所以製作頭像 PPT 就不會

緊張，效果非常好，又快速精準地將正確方法傳遞給任何需要的組員使用。

三. 做成 PPT ＋頭像 PPT ＋短視頻，（A）做一個檔案自動播放（B）或是由一個 Speaker 來講解說明，而 Speaker 又是群蜂戰隊很重要的扮演角色，及群蜂隊員要具備的技能，而從一個 Speaker 蛻變成 Super Speaker 要有六大系統能力：

**1. 能量系統：**

Super Speaker對感情／邏輯的認知與能力養成

**2. 判斷系統：**

精準分析與判斷來賓聽眾的種類與差異

**3. 主導系統：**

運用高能量來賓切斷負面能量的傳遞

**4. 指揮系統：**

肢體語言與口語表達正確的使用發揮強的感染力

**5. 導引系統：**

運用色彩學啟動擴大來賓聽眾的感官認知角度

## 6. 創造系統：

啟動來賓聽眾的想像力進入穿越未來美好的畫面

Super Speaker 的定位不能只是說明／分享，而是引導者甚至到主導者，所以本身要有 Passion 更要有 Vision 才能清楚精準的傳遞公司企業文化的 Mission。

Super Speaker 的扮演不在傳統的方式，又蹦又跳熱血沸騰高聲吶喊，不再是強勢的演出，反倒是以 Art 藝術右腦而左腦化，條條邏輯中不失溫度、情懷、畫面的導引式進入到未來美好的明天……

如何提高自身溫度？ 1. 可從自身服裝的款式及顏色針對今天的來賓聽眾而做出改變與調整。2. 可由聲音的變化搭配內容的運用，感性用喉嚨音；理性用胸腔音；再搭配鼻音（攏絡或嘲諷），捲舌音在放慢速度，唇齒音是加快語速用的，這五種聲音要多加練習，方能運用自如。

如何創造情懷？首先要認識情懷的三大類 1. 愛情 2. 友情 3. 親情，在這三大不同情懷創造上是不是要用視覺／聽覺／觸覺來啟動，所以我們是用傳統的模式的 PPT 大量文字及喋喋不休的口語要用少量文字 PPT 及短視頻來輔助。記得群蜂戰隊課程有個學員在沒參加課程之前，曾經對已經報名的學員嗤之以鼻的說: 我會三種軟體何需再去學群蜂課程？但一個月後他看到了群蜂學員的短視頻、PPT 後，他驚訝的問這是你做的嗎？後來他想明白了，軟體技術每個人都學得會但群蜂思維、群蜂創意才是核心。

　　如何呈現畫面？人為什麼會不開心？因為他們的記憶太多是過去不好的畫面，缺乏未來美好的畫面，所以讓他們裹足不前。我們引領一個人，首先要讓他們有一個美好的畫面。

　　**穿越**——沒有穿越能力，就無法創造未來畫面

　　**時間線**——沒有時間線，就很難擁抱快樂

　　**空間感**——欠缺空間感，就無法進入 3D 思維模式

在傳統的訓練模式很喜歡讓學員做一個夢想版，但後來大多數人都以失敗收場，為什麼？因為缺少了溫度，情懷，畫面。

常問學生最想要的禮物是什麼？女生通常回答：減重，有個魔鬼身材。

我開始導引她：如果你有魔鬼身材你會像誰？很多人回答：像林志玲；我又導引她，你有了林志玲的魔鬼身材會希望在什麼地方展現？有人回答到到夏威夷的海灘上展現；我接著又導引她，想跟誰在一起？有人回答跟男朋友。我又導引是看日出？還是夕陽？

一幅未來擁有魔鬼身材與男友一起看日出看夕陽浪漫愛情畫面是她減重的最大動力！

我已成功運用溫度／情懷／畫面三元素培訓出Super Speaker 幫助高科技產業／金融業／傳產／連鎖經營電商／直銷業的團隊／個人經營獲利，成果均獲得大幅的提升。

### 群蜂戰隊的運作理念

1. 接觸又不接觸

2. 融入又不融入

3. 孤獨又不孤獨

**接觸又不接觸**（分身接觸），分身是運用虛擬的技術將強者的理念／方法製作成段視頻／頭像 PPT ／ PPT 由其他的群蜂隊員與客戶進行第一步接觸是溝通／邀約也有可能是銷售／談判。

**融入又不融入**，以客戶的核心價值為主流，不以自己的商品功能為主導，以創新的價值讓客戶的利益最大化。也就是前面章節所提到的 Intangible Value，運用時間線拉長，讓受益人從本人延伸第二、第三，此方法可用於任何產品，此乃創新的銷售模式，學生都受益很大，有位學生從金融保險一張保單就作到了 4.5 億。

**孤獨又不孤獨：戰情中心**

群峰隊員可用 ZOOM 為媒介，傳遞短視頻／頭

像 PPT，即時在線支援任何區域任何國家的群峰隊員，協助解決任何群蜂隊員所遭遇的溝通／說服／銷售／談判。

群蜂！群蜂！將是無所不能，因為群蜂是強者的裂變，打破單一領導者狹隘僵化的思路，永遠以市場贏家強者作為裂變的模型。

群峰戰隊的目的：

1. 以降低公司企業營運成本（渠道、實體分店數量可降低）

2. 公司企業線上經營範圍可無極限擴點

3. 分公司分店的營運行銷戰術靈活（以分公司、分店最強者即可執行群蜂戰術）

4. 更有效率更容易達成總公司賦予的目標

5. 人才的培養方法以實戰作為培養及考核，培育人才時間可縮短替企業降低培訓成本。群蜂在美國／台灣／中國發酵當中，群蜂此種模式打造的團隊可謂空前，

尤其是能從線下實體，再進攻到線上，更能線下＋線上（並非直播）同時掌握線上＋線下的互動，此等技術是創新的！是可幫個人及企業做到大幅度突破原有的效率與效益。

### 未來已來——橫向連結

絕佳與世界對話的環境與工具都已具備，是前所未有的大好機會誕生了，無論你年齡的大小？無論你是男性或女性？無論你在世界的任何一個角落？只要你願意重新打造創造你的夢想，你的夢想都將會實現⋯⋯

六度分隔理論（Six Degrees of Separation）認為世界上任何互不相識的兩人，只需要很少的中間人就能夠建立起聯繫。哈佛大學心理學教授斯坦利·米爾格拉姆於 1967 年根據這個概念做過一次連鎖信實驗，嘗試證明平均只需要 6 步就可以聯繫任何兩個互不相識的人。

這種現象，並不是說任何人與人之間的聯繫都必須要經過 6 步才會達到，而是表達了這樣一個重要的概念

：在任何兩位素不相識的人之間，通過一定的聯繫方式，總能夠產生必然聯繫或關係。

### 手指經濟＋六度分隔理論就能讓每個人財富大爆發

你的不動產是甚麼？大多數的人回答都是不動產，但是你再想想可能會改變，有次我在舊金山講課，說我們最大的資產是「不動如山的人脈」，台下有位財經專家的CEO，哈哈一笑的說老師你這個觀念應該去申請專利。

若每個人平均認識 260 人，其六度就是 260 的 6 次方 =308,915,776,000,000（約 300 萬億）。消除一些節點重複，那也幾乎覆蓋了整個地球人口若干多倍。

我們每個人有多少資產？卻都讓它在沉睡，多麼可惜呀！快點動動手指讓你的財富滿滿……吧！

### 父親蛋炒飯的——煙火味

要將橫向戰力發揮到極致，還需要用最重要的一股力道「人間煙火味」，那個煙火味是唯一的獨特的！是特殊的！是世界獨一無二你的專利品，所以我們要打造自己的「IP 煙火味」

從女兒高中時期，由於女兒很喜歡帶同學來家裡吃玩，當時我在想六七個人做什麼東西給她們吃呢？靈機一動就做我拿手的蛋炒飯吧！

意外發生了……居然大受歡迎（同學有中國人韓國人印度人美國人），後來我的蛋炒飯出名了每次都指定必點的就是蛋炒飯。

2019 年疫情讓我們父女隔離兩年多的時間沒見面，於是一見面我就做了高麗菜炒甜不辣，螞蟻上樹，番茄炒蛋，烤鮭魚，涼拌豆干絲給女兒吃。

看她興奮的在拍手，嘴裡說阿爸好吃好吃（用台語發音）那個畫面真的很感動！此時寫書這一刻我的眼眶

都不禁流下淚水……

　　一次又一次女兒只要從西雅圖飛到洛杉磯，我都是做同樣的菜給女兒吃，但每次看到她那麼興奮真的讓我領悟到，原來不是菜好不好吃而是父親的煙火味。

　　我們每個人都在追求我們想要的東西，但別忘了打造每個人專屬「IP 煙火味」！

# 橫向戰力 Streaming Power：
## 敏捷組織教練崔沛然，解密數字經濟商業模式，與手指經濟時代，動動手指鏈接你我轉動世界

作　者／崔沛然
美術編輯／達觀製書坊
責任編輯／twohorses
企畫選書人／賈俊國

總 編 輯／賈俊國
副總編輯／蘇士尹
編　　輯／黃欣
行銷企畫／張莉榮、蕭羽猜、溫于閎

發 行 人／何飛鵬
法律顧問／元禾法律事務所王子文律師
出　　版／布克文化出版事業部
　　　　　台北市中山區民生東路二段 141 號 8 樓
　　　　　電話：(02)2500-7008 傳真：(02)2502-7676
　　　　　Email：sbooker.service@cite.com.tw
發　　行／英屬蓋曼群島商家庭傳媒股份有限公司城邦分公司
　　　　　台北市中山區民生東路二段 141 號 2 樓
　　　　　書虫客服服務專線：(02)2500-7718；2500-7719
　　　　　24 小時傳真專線：(02)2500-1990；2500-1991
　　　　　劃撥帳號：19863813；戶名：書虫股份有限公司
　　　　　讀者服務信箱：service@readingclub.com.tw
香港發行所／城邦（香港）出版集團有限公司
　　　　　香港九龍九龍城土瓜灣道 86 號順聯工業大廈 6 樓 A 室
　　　　　電話：+852-2508-6231　　傳真：+852-2578-9337
　　　　　Email：hkcite@biznetvigator.com
馬新發行所／城邦（馬新）出版集團 Cité (M) Sdn. Bhd.
　　　　　41, Jalan Radin Anum, Bandar Baru Sri Petaling,
　　　　　57000 Kuala Lumpur, Malaysia
　　　　　電話：+603- 9057-8822　　傳真：+603- 9057-6622
　　　　　Email：cite@cite.com.my
印　　刷／韋懋實業有限公司
初　　版／2024 年 1 月
定　　價／380 元
I S B N／978-626-7431-00-9
E I S B N／978-626-7431-06-1（EPUB）

城邦讀書花園　　布克文化
www.cite.com.tw　WWW.SBOOKER.COM.TW